Aktuelle Frauenforschung
Band 21

Technisierungsprozesse der Hausarbeit

Ihre Bedeutung für die Belastungsstruktur der Frau

Iris Duchêne

Centaurus Verlag & Media UG 1994

Die Autorin, *Iris Duchêne,* studierte Soziologie, Erziehungswissenschaft und Psychologie. 1988 bis 1993 war sie als wissenschaftliche Angestellte am Institut für Soziologie der Albert-Ludwigs-Universität Freiburg tätig. Derzeit arbeitet sie als Lehrbeauftragte am Institut für Soziologie der Universität Karlsruhe.

Die Deutsche Bibliothek – CIP-Einheitsaufnahme

Duchêne, Iris:
Technisierungsprozesse der Hausarbeit : ihre Bedeutung für die Belastungsstruktur der Frau / Iris Duchêne. – Pfaffenweiler : Centaurus-Verl.-Ges., 1994.
(Aktuelle Frauenforschung ; Bd. 21)
Zugl.: Freiburg (Breisgau), Univ., Diss., 1993
ISBN 978-3-89085-925-5   ISBN 978-3-86226-480-3 (eBook)
DOI 10.1007/978-3-86226-480-3
NE: GT

ISSN 0934-554X * D 25

Alle Rechte, insbesondere das Recht der Vervielfältigung und Verbreitung sowie der Übersetzung, vorbehalten. Kein Teil des Werkes darf in irgendeiner Form (durch Fotokopie, Mikrofilm oder ein anderes Verfahren) ohne schriftliche Genehmigung des Verlages reproduziert oder unter Verwendung elektronischer Systeme verarbeitet, vervielfältigt oder verbreitet werden.

© *CENTAURUS-Verlagsgesellschaft mit beschränkter Haftung, Pfaffenweiler 1994*

Umschlagentwurf: Wilfried Gebhard, Maulbronn
Satz: Vorlage der Autorin

Ich danke all den vielen Menschen herzlich, die mich auf verschiedene Weise während meines Schaffensprozesses unterstützt haben: meinem Lebensgefährten, der mich auch in schwierigen Phasen der Arbeit immer wieder zum Durchhalten ermuntert hat, meinen Freundinnen, dem Sekretariat des Instituts für Soziologie, Uwe Weisenbacher und Catrin Freyer für das Korrekturlesen sowie Peter Höfflin, Sibylle Hercher und Dr. Baldo Blinkert, die mir wertvolle Hilfestellung beim Umgang mit der Textverarbeitung und ihren Tücken geleistet haben.

Viel zu verdanken habe ich insbesondere Prof. Dr. H. Popitz. Von ihm erhielt ich wichtige Anregungen, die für Entstehung und Fertigstellung der Arbeit von großer Bedeutung waren.

Inhaltsverzeichnis Seite

I. Einleitung 11

II. Von der vorindustriellen Hauswirtschaft zur modernen
Hausarbeit in der bürgerlichen Familie 18

III. Phasen der Technisierung der Hausarbeit 23

1. Funktionswandel der bürgerlichen Hauswirtschaft durch
   erste Technisierungsprozesse in der zweiten Hälfte des
   19.Jahrhunderts 23

1.1 Der Ursprung der modernen Haushaltstechnik: Die
    Mechanisierung des Haushalts in den USA 23

    1.1.1   Die Automatisierung der Heiz- und Kühlvorgänge 25
    1.1.2   Die Mechanisierung der Reinigungsprozesse 29

1.2 Die Entdeckung von Gas und Elektrizität als neuen
    Energieträgern und der Beginn der externen Technisierung 37

1.3 Haushaltsrelevante technische Innovationen und die
    Veränderung zentraler hauswirtschaftlicher Arbeitsbereiche 43

    1.3.1   Licht- und Feuermachen - Wandel durch den Einzug von
                Gas und andere konstruktive Neuerungen 43
    1.3.2   Die Mechanisierung der Wäschepflege 48
    1.3.3   (Fast) Alles beim Alten: Die Wohnungspflege 53

1.4 Von der Produktions- zur Konsumtionsgemeinschaft?
    Die Bedeutung der industriellen Warenproduktion für
    die Haushaltsführung der Frau 55

1.5 Veränderung des Anspruchsniveaus an die physische
    und emotionale Versorgung der Familie 59

1.6 Technisierungsprozesse und häusliche Arbeitsorganisation
    - die "Dienstbotenfrage" um die Jahrhundertwende 64

2.	Die selbstwirtschaftende Hausfrau im ersten Drittel des 20.Jahrhunderts: Reduktion ihrer Überforderung durch umfassende Haushaltstechnisierung oder arbeitsorganisatorische Verbesserungen?	69
2.1	Arbeitssituation der bürgerlichen Hausfrau von der Jahrhundertwende bis in die zwanziger Jahre	69
2.2	"Der neue Haushalt" - Die Rationalisierungsbewegung in der Weimarer Republik	75
2.3	Fortschritte der Elektroindustrie - die Elektrifizierung der Geräte	82
2.4	Die Entwicklung der Haushaltselektrifizierung	90
2.5	Fazit	98
3.	Breitenwirksame Haushaltstechnisierung und ihre Folgen für die Umstrukturierung der Hausarbeit nach dem Zweiten Weltkrieg	101
3.1	Diffusionsprozeß der wichtigsten Elektrogeräte und seine Determinanten	101
3.2	"Industrielle Revolution im Hause" - Chancen der Technisierung am Beispiel der wesentlichen hauswirtschaftlichen Aufgabengebiete	110
	3.2.1 Nahrungsmittelkonservierung und -zubereitung	110
	3.2.2 Reinigungsarbeiten in Küche und Wohnung	113
	3.2.3 Wäschepflege	115
4.	Folgen der Haushaltstechnisierung für die Umstrukturierung der Hausarbeit und die Belastungsstruktur der Frau: Kompensation der technikbedingten Entlastungseffekte durch vermehrtes Engagement in Haushalt und Familie oder Erwerbstätigkeit als technikbedingte Emanzipationschance?	121
4.1	Vermeintlich technikinduzierte höhere Standards in der Haushaltsführung	121

4.2	"Die Inszenierung der Kindheit" - Zum Wandel in der Arbeit mit Kindern	132
4.3	Die "Entfamiliarisierung" der Frau und die Rolle der Haushaltstechnisierung	141
4.4	Der Preis der Müttererwerbstätigkeit: Die Doppelbelastung	154
4.4.1	Stärkere Erwerbsbeteiligung der Frau - erhöhtes Engagement des Mannes in Haushalt und Familie? Kontinuität und Wandel in der innerfamilialen Arbeitsteilung	155
4.4.2	Konservierung traditioneller Arbeitsteilungsmuster als Folge der Haushaltstechnisierung?	161
4.4.3	"Der "Modernisierungsrückstand" im weiblichen Bewußtsein"	167
4.5	Haushaltstechnik - Mittel zur Erhöhung des Anspruchsniveaus an Haushaltsführung oder Hilfe zur Bewältigung der Doppelbelastung auf der Basis der bestehenden Arbeitsteilung?	174
IV.	Vom Technikdeterminismus zur "Aneignungsperspektive" - Über die Notwendigkeit eines Perspektivenwechsels in der sozialwissenschaftlichen Technikforschung	185
V.	Technik und sozialer Wandel: Frau und Familie, Frau und Beruf - die Umschichtung von Belastungen in der Arbeit der Frau unter dem Einfluß von Technisierungsprozessen	191
Literaturverzeichnis		197

I. Einleitung

"Es sind äußerlich bescheidene Dinge, um die es hier geht, Dinge, die gewöhnlich nicht ernst genommen werden, jedenfalls nicht in historischer Beziehung. Aber so wenig wie in der Malerei kommt es in der Geschichte auf die Größe des Gegenstandes an. Auch in einem Kaffeelöffel spiegelt sich die Sonne."[1]

Praktisch jeder Haushalt in der Bundesrepublik ist heute an die zentrale Energieversorgung angeschlossen; zur Standardausstattung gehören nicht nur Elektroherd, Waschvollautomat, Kühlschrank und Tiefkühltruhe, sondern auch eine Vielzahl elektrischer Kleingeräte. Sie werden selbstverständlich benutzt, - wie radikal sie die Hausarbeit, ja die gesamte Lebensführung, seit der Generation unserer Großeltern umgewälzt haben, macht man sich selten bewußt.

Der erste, der die Geschichte der Haushaltstechnisierung aus ihrer weitgehenden Anonymität herausholte, war Sigfried Giedion. Er beschrieb bereits 1948 in "Mechanization Takes Command" ihre Entwicklung von der Mechanisierung zur Vollmechanisierung, bei der es nicht mehr darum geht, einzelne Bewegungen der menschlichen Hand durch Maschinen zu ersetzen, sondern um geschlossene Arbeitsabläufe, in denen der Mensch nur noch Steuerungs- und Kontrollfunktionen zu übernehmen hat.[2]

Giedions Ausführungen bleiben nach wie vor, insbesondere ob der Beschreibung von Technisierungsprozessen in ihrer sozialen Bedingtheit, richtungsweisend, sie sind allerdings auf die Darstellung der amerikanischen Verhältnisse, die - wie ich zeigen werde - naturgemäß nicht bruchlos auf deutsche zu übertragen sind, beschränkt.

---

[1] S.Giedion, Die Herrschaft der Mechanisierung. Ein Beitrag zur anonymen Geschichte, Sonderausgabe, Frankfurt am Main 1987, S.19

[2] Vgl. zum Begriff der Mechanisierung: B. Rohr/H. Wiele (Hrsg.), Fachlexikon ABC Technik, Frankfurt am Main 1983, S.377

Ebenso verhält es sich mit dem ebenfalls schon zu den "Haushaltstechnik-Klassikern" zählenden "More Work For Mother. The Ironies of Household Technology from the Open Hearth to the Microwave" von Ruth Schwartz Cowan[1], die im Gegensatz zu Giedion auch die Auswirkungen der Haushaltstechnik auf den Arbeitsaufwand der Frau und die soziale Arbeitsorganisation thematisiert.

Vergleichbare, längerfristige Technisierungsprozesse in ihrem sozialen Entstehungs- und Verwendungszusammenhang analysierende Untersuchungen bezogen auf Deutschland liegen hingegen nicht vor.

Sozialwissenschaftliche Technikforschung begann zwar in den letzten Jahren sich auf theoretischer Ebene mit dem Thema "Technik im Alltag"[2] auseinanderzusetzen, Arbeiten, die sich konkret mit der Entstehungs- und Entwicklungsgeschichte moderner Haushaltstechnik und ihren sozialen Implikationen beschäftigen, fehlen allerdings bislang.[3]
Detaillierte sozialhistorische Darstellungen existieren allenfalls für ein einziges technisches Artefakt, die Waschmaschine[4], bei den übrigen Haushaltsgeräten ist man vielfach auf die Veröffentlichungen der Elektroindustrie angewiesen. Mühsam muß man sich auch aus der zwar ingesamt umfangreichen, den Haushalt aber eher

---

[1] New York 1983

[2] Vgl. hierzu B. Joerges (Hrsg.), Technik im Alltag, Frankfurt am Main 1988

[3] Aus dem breit angelegten, vielversprechenden Forschungsprojekt "Zur technischen Entwicklung von Haushaltsgeräten und deren Auswirkungen auf die Familie" (H. Bussemer u.a.) sind bisher leider nur wenige, das Vorhaben umreißende kürzere Aufsätze hervorgegangen. Die aus dem von W. Glatzer geleiteten Projekt "Haushaltstechnisierung und gesellschaftliche Arbeitsteilung" (Frankfurt am Main/New York 1991) hervorgegangene Arbeit von G. Dörr beschränkt sich dagegen auf die Untersuchung des Zusammenhangs zwischen Haushaltstechnisierung und geschlechtsspezifischer Arbeitsteilung. Vgl. dort Kapitel 5.

[4] Auf die entsprechenden Arbeiten werde ich an gegebener Stelle eingehen.

stiefmütterlich behandelnden, technikgeschichtlichen Literatur[1] die spärlichen Informationen zum Verlauf der Technisierung des Haushalts respektive seiner Elektrifizierung zusammensuchen.

Aufsätze wiederum, die die Auswirkungen der Technisierungsprozesse auf die Hausarbeit der Frau zu erfassen suchen, werden, wie das folgende Zitat zeigt, häufig aufgrund der zugrundeliegenden verkürzten und undifferenzierten Betrachtungsweise der Komplexität des Themas kaum gerecht. "Die Vorstellung von mehr Freizeit und Muße, von weniger Streß und mehr Emanzipation durch die Technisierung des Haushalts ist ein Mythos. Technik konnte die Arbeit der Frauen auch nicht verringern helfen"[2] - was in dieser und ähnlich ausgerichteten Arbeiten mit der als technikinduziert gesehenen Erhöhung der Ansprüche an die Haushaltsführung begründet wird.

Die folgende Arbeit stellt den Versuch dar, nicht nur die Defizite in der Beschreibung der von sozialen und ökonomischen Faktoren beeinflußten Geschichte der Haushaltstechnisierung aufzuarbeiten, sondern auch den Zusammenhang zu den sozialhistorisch relevanten Veränderungen bezüglich der Hausarbeit und der Rolle der Frau herzustellen.
Leitend wird die Fragestellung sein, in welcher Form Technisierungsprozesse den jeweiligen epochenspezifischen Strukturwandel der Hausarbeit und dementsprechend die Belastungskonfiguration der Frau mitdeterminierten.

Um die Frage beantworten zu können, was Frauen mit der Haushaltstechnisierung gewonnen haben, genügt es jedoch nicht, sich auf die Arbeitsmittel, auf die Potenz der elektrischen Geräte und Automaten zu beschränken, in die Betrachtung miteinzubeziehen sind ebenso die soziale Arbeitsorganisation und die Arbeitsinhalte.

---

[1] So widmen recht bekannte Überblicksdarstellungen wie "Geschichte der Technik" (Leipzig 1978) von R. Sonnemann oder "Technik in Deutschland. Vom 18.Jahrhundert bis zur Gegenwart" (Frankfurt am Main 1989) von J. Radkau dem Haushalt lediglich ein paar Seiten.

[2] B. Baumgärtel, Technisierung des Haushalts: Nützt sie den Frauen? in: Dies. u.a. (Hrsg.), Frau und Technik, Bonn/ Münster/Bielefeld 1985, S.91

Hausarbeit ist kein historisch invariantes Phänomen. Gewandelt haben sich nicht nur die Zusammensetzung der Personen, die sie verrichten, sondern auch die sie konstituierenden Komponenten. Zu beachten sind sowohl die Veränderungen im sogenannten materiellen, hauswirtschaftlichen Arbeitsbereich einschließlich dem dort existierenden Anspruchsniveau, als auch die immateriellen Leistungen, deren Wandel in dieser Arbeit hauptsächlich am Beispiel der Kindererziehung aufgezeigt wird.[1]

Doch selbst mit diesem erweiterten Blick auf die Hausarbeit ist die Belastungsstruktur der Frau heute im Vergleich zu der im nicht-technisierten Haushalt früherer Jahrzehnte nicht adäquat zu erfassen. Zufriedenstellend kann die Frage danach erst beantwortet werden, wenn auch ihre über den häuslichen Kontext hinausgehende Beanspruchung - die durch Erwerbsarbeit - thematisiert wird.

Halten wir also fest: Die Veränderung der Belastungsstruktur der Frau läßt sich allein aus Technisierungsfortschritten nicht ableiten, zu berücksichtigen sind mindestens vier weitere Variablen: Anspruchsniveau an die Gestaltung des Haushaltens, Kindererziehung, Berufstätigkeit und Formen der Arbeitsteilung - sozialstrukturelle Variablen, die, wie ich zeigen werde, mit den Fortschritten der Haushaltstechnisierung interdependent zusammenhängen können.

Doch zurück zu letzteren, zu den Technisierungsprozessen bzw. genauer zum methodischen Vorgehen.

Um die Wirkungen der Haushaltstechnisierung, ihre potentiellen Entlastungseffekte möglichst vollständig aufzeigen zu können, werde ich, entsprechend einer in der amerikanischen Soziologie verbreiteten Definition, drei Dimensionen der Technisierung unterscheiden: erstens die interne Technisierung, d.h. die Ausstattung der Haushalte mit Gerätetechnik; zweitens - als Voraussetzung der ersten Dimension - die externe Technisierung, d.h. eine funktionierende technische Infrastruktur, und

---

[1] Ist es auch ein Verdienst der sozialwissenschaftlichen Frauenforschung auf die ganzheitliche Struktur der Hausarbeit, auf die Einheit von materiellen und psychischen Versorgungsleistungen (Kontos/Walser 1979) hingewiesen zu haben, so sollte man sich vor einer in neueren Arbeiten auszumachenden Überstrapazierung des Arbeitsbegriffs, beispielsweise in Form der "generativen Arbeit"(R. Hungerbühler, Unsichtbar - Unschätzbar. Haus- und Familienarbeit am Beispiel der Schweiz, Grüsch 1988, S.175) hüten.

drittens zusätzlich die arbeitserleichternden Konsumangebote, vor allem in der Form vorbereiteter Lebensmittel.[1]

Verfolgen werde ich diese drei Dimensionen durch drei Technisierungsphasen, die ausgewählt wurden, da sie jeweils sowohl eine neue technikgeschichtliche Ära einleiten als auch gekennzeichnet sind durch epochale Wandlungsprozesse hinsichtlich der Arbeitssituation der bürgerlichen Frau, auf deren Lebenszusammenhang ich mich beschränken werde.

Die ersten beiden Technisierungsphasen werden sich auf das ausgehende 19. Jahrhundert und das erste Drittel dieses Jahrhunderts beziehen. Entsprechend der Zielsetzung, den Entstehungs- und Entwicklungszusammenhang der Haushaltstechnisierung - allerdings in seiner Soziabilität - möglichst lückenlos und flächendeckend zu beschreiben, werden diese beiden Kapitel zwangsläufig sehr materialreich sein und eher sozialhistorischen Charakter aufweisen.

Ändern wird sich diese Art der Darstellung ab dem dritten Kapitel, das sich mit der letzten Technisierungsphase, der Zeit nach dem Zweiten Weltkrieg, auseinandersetzt.

Nach einer Skizzierung des breitenwirksamen Diffusionsprozesses und seinen technologischen, ökonomischen und soziokulturellen Voraussetzungen sollen die Chancen der modernen Haushaltstechnik aufgezeigt werden. Um diese ermitteln zu können, wird in einem ersten Schritt - ausgehend von den Artefakten und ihren technischen Gebrauchsformen - vorerst unabhängig vom sozialen Verwendungszusammenhang ihrem arbeits- und zeitsparenden Potential nachgegangen. Erst in einem zweiten Schritt, im vierten Kapitel, wird, den Strukturwandel der Hausarbeit mitreflektierend, die in zahlreichen Arbeiten aufgestellte These von der Kompensation des Entlastungseffektes durch eine vermeintlich technikinduzierte Standarderhöhung und/oder durch eine Verschiebung der Arbeitsschwerpunkte innerhalb der Hausarbeit zu prüfen sein.

---

[1] Hartmann bezieht zudem die Dienstleistungen mit ein, die ich aber, um den Rahmen der Arbeit nicht zu sprengen, nicht berücksichtigen werde. Zur Definition Hartmanns Vgl. J. Hampel u.a., Alltagsmaschinen. Die Folgen der Technik in Haushalt und Familie, Berlin 1991, S.82

Wurde die rein rechnerisch mögliche Zeitersparnis tatsächlich vollständig in Haushalt und Familie reinvestiert oder steckte in der Haushaltstechnisierung nicht doch ein Emanzipationspotential, das zur Befreiung der Frau aus der Beschränkung auf die ihr qua Geschlecht zugewiesene Rolle als Hausfrau und Mutter genutzt werden konnte?[1]
Ermöglichte sie sogar erst, dank der prinzipiell erreichbaren Rationalisierungsgewinne, den Ehefrauen und Müttern der bessergestellten Schichten die Aufnahme einer Erwerbstätigkeit und darüberhinaus sogar ihre berufliche Emanzipation?
Während die ersten drei Abschnitte dieses zentralen Kapitels Veränderungen in den Bereichen Anspruchsniveau, Kinderfürsorge und Erwerbstätigkeit beinhalten, gilt es im letzten Drittel, die Formen der Arbeitsteilung im Haushalt fokussierend, die Belastungsstruktur der Frau unter diesen insgesamt geänderten Verhältnissen erneut zu reflektieren. Im Mittelpunkt der Betrachtungen wird die Frage stehen, ob und wie sich, unter dem Eindruck arbeitserleichternder maschineller Helfer, im Zuge der "sozialstrukturellen Revolution der Frauenerwerbstätigkeit"[2] als weiterer Gradmesser von Emanzipation die häusliche Aufgabenverteilung zwischen den Geschlechtern verändert hat.
Stabilisiert Haushaltstechnik tatsächlich, so ein häufig vorgebrachtes Argument, den Status Quo und ist von daher eher kontraproduktiv, oder ist sie auf der Basis der von ganz anderen Determinanten abhängigen, bestehenden geschlechtsspezifischen Arbeitsteilung eine unverzichtbare Hilfe bei der Vereinbarkeit von Beruf und Familie?

---

[1] Auf eine differenzierte Auseinandersetzung mit dem Begriff "Emanzipation", die seine historische wie aktuelle Bedeutungsvielfalt und die daraus resultierende Unterschiedlichkeit der Emanzipationsstrategien zu problematisieren hätte, muß verzichtet werden. Beim hier vorgeschlagenen Emanzipationsbegriff beziehe ich mich auf H. Pross: "Emanzipation meint "Freilassung". - ... Freilassung der Menschen aus Abhängigkeit und Unmündigkeit... Emanzipation setzt voraus, daß der Einzelne die Möglichkeit hat, die Fähigkeiten zu Selbst- und Mitbestimmung zu erwerben, sich zu bilden, zu informieren, zu engagieren (auch beruflich, d. V.)." Pross 1981, zit. n. U. Gerhardt/Y. Schütze (Hrsg.), Frauensituation. Veränderungen in den letzten zwanzig Jahren, Frankfurt am Main 1988, S.7

[2] T. von Trotha, Zum Wandel der Familie, in: Kölner Zeitschrift für Soziologie und Sozialpsychologie, 42.Jg. 1990, Heft 3, S.459

Im vorletzten Teil der Arbeit werde ich versuchen, aus meinen Ausführungen einige theoretische Schlußfolgerungen hinsichtlich eines adäquaten Zugangs zu Technisierungsprozessen zu ziehen: Weg von den, den je spezifischen sozialen Verwendungszusammenhang nicht genügend berücksichtigenden, Pauschalisierungen, die den Eindruck vermitteln, daß Technik eher zur Mehrarbeit als zur Entlastung beiträgt, hin zu einer nutzerorientierten "Aneignungsperspektive"[1], die nach sozialstrukturellen und subjektiven Faktoren differenzierend, die eigensinnige Techniknutzung im familialen Alltag analysiert.

Ausgehend von dieser Nutzerperspektive wird am Ende der Arbeit, die dargestellte Entwicklung kurz resümierend, eine Antwort auf die Frage, was die Haushaltstechnisierung den Frauen letztendlich gebracht hat, zu geben sein.

Bevor ich mit den einzelnen Technisierungsphasen beginnen werde, werde ich im folgenden zunächst, um die sozio-ökonomische Determiniertheit des zu untersuchenden Phänomens zu verdeutlichen, einen gerafften Überblick über die Entstehungsgeschichte der modernen Hausarbeit geben. Die Wandlungsfähigkeit von Inhalt, Form und Bewertung der Hausarbeit, so ist grundsätzlich zu betonen, entspricht der des sozialen Kontextes, in den sie eingebettet ist: Entsprechend der sie umgebenden sozio-ökonomischen Rahmenbedingungen ändert sich auch ihr Gesicht.

---

[1] B. Lutz, Technisierung des Alltags zwischen Banalisierung und Dramatisierung. Nachbemerkungen zu einer Diskussion, in: B. Lutz (Hrsg.), Technik in Alltag und Arbeit. Beiträge der Tagung des Verbunds Sozialwissenschaftlicher Technikforschung, Berlin 1989, S.77

II. Von der vorindustriellen Hauswirtschaft zur modernen Hausarbeit in der bürgerlichen Familie

Im Unterschied zur bürgerlichen Industriegesellschaft kann man in der vorindustriellen Agrargesellschaft kaum von Hausarbeit im heutigen Sinn sprechen, was maßgeblich mit der dominanten Sozialform dieser Epoche, dem "ganzen Haus"[1] bzw. seiner strukturellen Basis, der Einheit von Produktion und Haushalt, zusammenhängt. Im Mittelpunkt dieser Arbeits- und Lebensform stand die gemeinsame Existenzsicherung. Die Orientierung an arbeitsorganisatorischen Erfordernissen bestimmte sowohl die Qualität der Familienbeziehungen als auch die geschlechtliche Arbeitsteilung und die Rolle der Frau.

Trotz der Existenz geschlechtsspezifischer Zuständigkeitsbereiche - die Frau war prinzipiell eher für die Binnenwirtschaft in Haus, Hof und Garten zuständig, der Mann für die Holzwirtschaft und die Feldarbeit, in die die Frau jedoch je nach Arbeitsanfall entsprechend miteinbezogen wurde - ließ sich die Frauenrolle keineswegs auf die Begriffe Hausfrau und Mutter reduzieren. Vielmehr war es so, daß im Vergleich zu den Tätigkeiten, die die "moderne" Hausarbeit konstituieren, ihre Arbeitsleistungen in den produktiven Bereichen wie der Milchwirtschaft, der Kleinviehhaltung, der Textil- und Bekleidungsherstellung, der Herstellung von Produkten für den täglichen Bedarf (wie Seife und Kerzen), der Nahrungsmittel, einschließlich der umfangreichen Vorratswirtschaft, ungleich mehr Zeit beanspruchten und höher bewertet wurden.

"Wichtig ist bei dieser Arbeitsteilung, daß beide Ehepartner landwirtschaftliche Produktion betreiben, die Frau keinesfalls auf Hausarbeit im engeren

---

[1] Dieser von Brunner vorgeschlagene Begriff kennzeichnet die traditionelle Familienform der Bauern und Handwerker in der vorkapitalistischen Gesellschaft. Vgl. O. Brunner, Das "Ganze Haus" und die alteuropäische "Ökonomik", in: Ders., Neue Wege der Verfassungs- und Sozialgeschichte, 2. verm. Aufl., Göttingen 1968

Sinne abgedrängt war, Hausarbeit vielmehr eine völlig untergeordnete Rolle spielte."[1]

Von einer aufwendigen Häuslichkeit konnte angesichts der vielfältigen Beanspruchung der Frau, aber auch aufgrund des äußerst bescheidenen Lebensstandards keine Rede sein. Weder die Zubereitung der einfachen, oft aus Eintöpfen bestehenden Mahlzeiten, noch das Sauberhalten der wenigen, sparsam möblierten Räume waren sehr zeitintensiv. Letzteres wurde zusätzlich vereinfacht durch die, im Vergleich mit späteren Jahrhunderten, großzügigen Sauberkeitsvorstellungen, die auch die Pflege der wenigen, relativ unempfindlichen Kleidungsstücke auf ein Minimum reduzieren halfen.

Vergleichbar mit der Hausfrauenrolle schien auch die Mutterrolle im "ganzen Haus" keine besondere Wertschätzung erfahren zu haben, was mit dem Stellenwert der Kinder zusammenhing.[2]
Primär als Arbeitskräfte und im Hinblick auf die Altersversorgung interessant, wurden sie eher naturwüchsig, quasi "nebenbei" vor allem durch Teilnahme an Leben und Arbeit der Eltern, in die bäuerliche Lebenswelt hineinsozialisiert. Die Arbeit mit ihnen beschränkte sich in der Regel auf die Befriedigung elementarer Bedürfnisse und auf ein Mindestmaß an Beaufsichtigung und Betreuung, Aufgaben, die auf mehrere Personen (Familienangehörige oder das zum "ganzen Haus" gehörende Gesinde) verteilt waren. Die traditionellen Bedingungen bäuerlichen Lebens und Arbeitens machten eine exklusive Zuständigkeit der Mutter für den Sozialisationsprozeß, überhaupt die Freistellung für den innerhäuslichen Bereich mit seinen Arbeitsfeldern unmöglich.

---

[1] H. Rosenbaum, Formen der Familie: Untersuchungen zum Zusammenhang von Familienverhältnissen, Sozialstruktur und sozialem Wandel in der deutschen Gesellschaft des 19. Jahrhunderts, 5.Aufl., Frankfurt am Main 1990, S.80. Vgl. hierzu auch P. Ketsch, Frauen im Mittelalter, Bd. 1, Frauenarbeit im Mittelalter, Düsseldorf 1983, S.79f.

[2] Vgl. zur Stellung des Kindes im bäuerlichen Haushalt: Rosenbaum 1990, S.89f.

Ändern sollte sich dies erst im Zuge der Auflösung der traditionellen Hauswirtschaft, mit dem Wandel der Existenzsicherungsform, mit der die Entstehung der modernen Hausfrauenrolle untrennbar verknüpft ist.

Erst als sich die Einheit von Produktion und Haushalt im sich allmählich herausbildenden Bürgertum[1] in der zweiten Hälfte des 18.Jahrhunderts, auf der strukturell neuen Basis der Trennung von Wohn- und Arbeitsbereich, aufzulösen begann, war der Weg geebnet für den Entwurf der bürgerlichen Familie als gesonderte, überwiegend gefühlsbetonte Sphäre, in der die Frau regieren sollte.

"Weitgehend entlastet von Arbeit für den Erwerb, welche nunmehr als rein männliche Domäne definiert wurde, sollte die Frau in der Familie ein Refugium bürgerlicher Privatheit und Intimität herstellen, das die Außenwelt des Berufs, der Konkurrenz um Macht und Geld harmonisch ergänzte."[2]

Diese neuartige Form der geschlechtlichen Arbeitsteilung wurde legitimiert durch den in der bürgerlichen Aufklärungsliteratur neudefinierten weiblichen Sozialcharakter[3], der sich durch die "natürliche" Veranlagung der Frau für Beziehungsleistungen auszeichnete. Auf dem Hintergrund des neu entworfenen Ehe- und Familienideals sollte sie nun nicht nur dem Mann treusorgende und unterhaltsame Gefährtin, sondern auch dem Kind, endlich in seiner individuellen Besonderheit wahrgenommen und geschätzt, eine liebevolle Mutter sein. Kindererziehung wurde zu einer eigenen und bewußt durchzuführenden Aufgabe, der sich vor allem die

---

[1] Als Klasse entfaltete sich das Bürgertum dagegen erst in der zweiten Hälfte des 19.Jahrhunderts. Vgl. Rosenbaum 1990, S.21

[2] U. Frevert, Frauen-Geschichte. Zwischen bürgerlicher Verbesserung und neuer Weiblichkeit, Frankfurt am Main 1986, S.18

[3] Vgl. K. Hausen, Die Polarisierung der "Geschlechtscharaktere" - eine Spiegelung der Dissoziation von Erwerbs- und Familienleben, in: W. Conze (Hrsg.), Sozialgeschichte der Familie in der Neuzeit Europas. Neue Forschungen, Stuttgart 1976

Mutter, unterstützt von zahlreichen Ratschlägen seitens Experten aus Pädagogik und Medizin, intensiv zu widmen hatte.[1] Trotz der in den neuen Leitvorstellungen zum Ausdruck kommenden Aufwertung der emotionalen Funktionen sollen jedoch auch die bis weit ins 19. Jahrhundert umfangreichen produktiven Tätigkeiten der bürgerlichen Hausfrau (und ihrer Helferinnen) nicht aus dem Blickfeld geraten.

Auch wenn sich das Ausmaß der, im Mittelalter einzigen Versorgungsgrundlage, häuslichen Eigenproduktion zu reduzieren begann und zunehmend durch den Kauf von Lebensmitteln und Gebrauchsgegenständen ergänzt wurde, spielte sie, einschließlich der ausgedehnten Vorratswirtschaft, in der ersten Hälfte des 19. Jahrhunderts noch eine grosse Rolle. Nur wenige Luxusgüter wie Tee, Öl, Gewürze und - als Nahrungsinnovationen - Kaffee und Zucker wurden in fertigem Zustand gekauft, viele nur im Roh- oder halbfertigen Zustand erhältliche Waren mußten zuhause weiterverarbeitet werden.

"Fleisch dagegen erhielt man aus eigener Schlachtung, und es war Aufgabe der Hausfrau und ihrer Dienstboten, es durch Räuchern und Einpökeln haltbar zu machen. Butter wurde ebenfalls im Hause eingemacht, ebenso Obst und Gemüse. Mindestens alle zwei Wochen wurde Brot gebacken, und auch Kerzen und Seife stellte man im eigenen Haushalt her."[2]

Von einer spürbaren Reduktion der innerhäuslichen produktiven Funktionen kann also zu Beginn des 19. Jahrhunderts, in der Übergangsphase zum Industrialismus, noch nicht die Rede sein. Trotz der Unterstützung durch Dienstmädchen und Zugehfrauen, an die die beschwerlichen und schmutzigen Hausarbeiten weitgehend delegiert wurden, war die Hausfrau mit Organisation und Kontrolle der Beschaffungs- und Verarbeitungsprozesse in diesem komplexen Wirtschaftsbetrieb, was

---

[1] Während sich die frühen Handlungsanweisungen noch meist an beide Elternteile und die mit der Pflege und Erziehung betrauten Ammen und Kindermädchen wandten, galt seit der Jahrhundertwende nur noch die Mutter als kompetent für diese verantwortungsvolle Aufgabe. Vgl. Y. Schütze, die in "Die Gute Mutter - Zur Geschichte des normativen Musters "Mutterliebe"", Bielefeld 1986, die veränderte Haltung gegenüber dem Kind und ihre Hintergründe differenziert darstellt.

[2] Frevert 1986, S.43

der bürgerliche Haushalt bis zur Jahrhundertmitte noch war, normalerweise ausgefüllt.

Zwar wurde das Ideal der bürgerlichen Hausfrau, die sich, begrenzt auf den häuslichen Aktionsradius, besonders den immateriellen, emotionalen Aspekten der Hausarbeit zuwendet, bereits Ende des 18.Jahrhunderts entworfen, wesentliche Voraussetzungen zu seiner Realisierung waren jedoch erst seit der zweiten Hälfte des 19. Jahrhunderts, im Zuge gravierender sozialer und ökonomischer Veränderungen, erfüllt. Der seit diesem Zeitpunkt beschleunigt ablaufende Urbanisierungs- und Industrialisierungsprozeß, die verbesserte Infrastruktur und die Vielzahl technischer Neuerungen berührte nicht nur die Erwerbsarbeit empfindlich, sondern trug auch zu einer grundlegenden Umstrukturierung der Hausarbeit bei.
Welche Bedeutung dabei den für diesen Zeitraum charakteristischen, frühen haushaltsrelevanten Technisierungsprozessen zukam, diese Frage zu klären, wird Aufgabe des folgenden ersten Kapitels sein.

III. Phasen der Technisierung der Hausarbeit

1. Funktionswandel der bürgerlichen Hauswirtschaft durch erste Technisierungsprozesse in der zweiten Hälfte des 19. Jahrhunderts

Kennzeichen dieser ersten Technisierungsphase waren entscheidende Neuerungen in allen drei Dimensionen der Haushaltstechnisierung: Sie markiert den Beginn der zentralen Energieversorgung, der Gas- aber auch der Elektrizitätsversorgung, einschließlich der Erfindung wesentlicher technologischer Basisinnovationen, wie auch häuslicher Mechanisierungsprozesse und der industriellen Warenproduktion.

Um die Entwicklung in Deutschland besser nachvollziehen zu können, scheint mir ein Überblick über die Anfänge der Mechanisierung des Haushalts in den USA[1] hilfreich zu sein - dem Land, in dem die sozio-kulturellen, ökonomischen und technologischen Voraussetzungen der Haushaltstechnisierung am ehesten gegeben waren, in dem sich die modernen Haushaltsgeräte entsprechend früher als in jedem anderen Land breitenwirksam durchsetzten.

1.1 Der Ursprung der modernen Haushaltstechnik: Die Mechanisierung des Haushalts in den USA

Anders als in Deutschland, wo im ausgehenden 19. Jahrhundert noch eher technikskeptische Einstellungen vorherrschten[2], galt "das Bestreben, sich das Leben mit den Mitteln der Technik so bequem wie möglich zu machen, (...) seit dem späten 19. Jahrhundert als amerikanischer Charakterzug."[3]

Neben den von Radkau identifizierten Einflußfaktoren wie der Dimension des Landes, dem Mangel an qualifizierten Arbeitskräften, den daraus resultierenden

---

[1] Vorwiegend werde ich mich dabei auf die Ausführungen Giedions stützen.

[2] Vgl. F. Klemm, Geschichte der Technik. Der Mensch und seine Erfindungen im Bereich des Abendlandes, Reinbek bei Hamburg 1983, S.168

[3] J. Radkau, Technik in Deutschland. Vom 18.Jahrhundert bis zur Gegenwart, Frankfurt am Main 1989, S.36

hohen Löhnen und der spezifischen Wirtschafts- und Konsummentalität, scheint es insbesondere die technologische Mentalität gewesen zu sein, die die Vorreiterrolle der USA bei der Mechanisierung der Produktion begründete.

Die "Radikalität der Mechanisierung - der Einsatz von Arbeitsmaschinen wo immer nur möglich"[1] führte dazu, daß die Produktion, die in Deutschland bis zur Jahrhundertwende noch überwiegend handwerklichen Charakter aufwies, jenseits des großen Teichs bereits durch den Ersatz der Handarbeit durch Maschinen gekennzeichnet war.

In diesen Genuß kam der Haushalt jedoch ungleich später. Dort konnte das Ziel der Effektivitätssteigerung bei Verminderung der Arbeitslast, anders als in der Fabrik, vorerst nur über eine verbesserte Organisierung der Arbeitsvorgänge erreicht werden.

Obwohl, wie ich ausführlich darstellen werde, die ersten bahnbrechenden Vorschläge zu ihrer Mechanisierung in den sechziger Jahren, der Phase des "kollektiven Erfindungseifers"[2], eingebracht wurden, war es für ihre Umsetzung noch zu früh.

Als Vorkämpferin für die Rationalisierung des Haushalts ist Catherine Beecher zu nennen, die sich seit den vierziger Jahren für eine bessere Schulung der Hausfrauen, für eine wirksame Vorbereitung auf "ihren Beruf" einsetzte. Nach "A Treatise on Domestic Economy" (1841) gab sie im 1869 zusammen mit ihrer Schwester Harriet Beecher Stowe herausgegebenen Buch "The American Women's Home" zunehmend konkretere Hinweise zum ökonomischen Haushalten, die nun auch die Veränderung des Arbeitsplatzes Küche umfaßten. Statt "daß die Hälfte der Zeit und Anstrengung mit Hin- und Herlaufen draufgeht, um die gebrauchten Gegenstände zu holen und zu bringen"[3], entwarf sie in Anlehnung an die Schiffsküche eine Küche mit durchgehenden Arbeitsflächen.

---

[1] Ebd., S.35

[2] Giedion 1987, S.61

[3] Beecher/Stowe 1869, zit. n. Giedion 1987, S.563

Haushaltsplanung, dies ist hinzuzufügen, stellte für Beecher kein Endziel dar, sie war vielmehr eng verknüpft mit ihrem Engagement in der Frauen- und Dienstbotenfrage.
Eine rationelle, d.h. erfolgreiche Haushaltsführung sollte den Frauen nicht nur zu mehr Selbstsicherheit, familialer und vor allem gesellschaftlicher Anerkennung verhelfen, sondern auch zur Unabhängigkeit von fremder Hilfe.

"Alle Menschen sind (nach der Unabhängigkeitserklärung) einander gleichgestellt. (...) Die Institution häuslicher Dienstbarkeit hat jedoch noch etwas von dem Einfluß feudaler Zeiten an sich."[1]

Es sind genau diese beiden sozialen Probleme: die Stellung der Hausfrau und der Anachronismus häuslicher Dienstverhältnisse in einer demokratischen Gesellschaft, die Giedion als die entscheidenden Stimuli nicht nur für die Rationalisierung, sondern auch für die Mechanisierung des Haushalts identifiziert.
Schließlich liegen auch ihre Wurzeln in den sechziger Jahren, bei der unvorstellbaren Vielzahl von Patenten für Haushaltsgeräte, die, auch wenn sie noch lange nicht haushaltstauglich waren, den Grundstein für die spätere Technisierung bildeten. "... von dieser Periode war es nur ein Schritt in die Zeit der Vollmechanisierung, die verwirklichte, was die sechziger Jahre angebahnt hatten."[2]
Im folgenden soll dieser Prozeß sowohl anhand der Technisierung der Heiz- und Kühlvorgänge aufgezeichnet werden als auch anhand der der Reinigungsarbeiten, an denen sich die Entwicklungsprinzipien der Mechanisierung am deutlichsten zeigen.

1.1.1 Die Automatisierung der Heiz- und Kühlvorgänge

Auslöser für die jeweilige Veränderung der Heizart - vom offenen Feuer bis zum Elektroherd - war der Wunsch nach möglichst optimaler Ausnutzung der Wärme durch größtmögliche Konzentration der Wärmequelle.

---

[1] Beecher/Stowe 1869, zit. n. Giedion 1987, S.560
[2] Ebd., S.35

Einen ersten entsprechenden Erfolg brachte der seit den dreißiger Jahren vorherrschende geschlossene gußeiserne Herd mit Holz- oder Kohlefeuerung, der "(...) damals so mit Amerika identifiziert (wurde, d.V.) wie später das Auto."[1]
Frühe Versuche zu seiner Entwicklung reichen bis ins 18.Jahrhundert zurück und sind insbesondere mit den Namen Franklin und Rumford verbunden. Den Ausgangspunkt für die Technisierung des Herdes bildete nach Giedion jedoch der 1834 patentierte "Oberlin Stove" von Philo Penfield Stewart, der sich durch eine freihängende, sich nach unten verengende Feuerkammer mit perforierten Seitenwänden und vor allem durch äußerste Konzentration der Wärmequelle auszeichnete. Diesbezüglich stellte die Entwicklung des Gasherdes einen nächsten Höhepunkt dar: Zwar benötigte er noch immer die offene Flamme, sie wurde allerdings begrenzt durch den Brennerring.
Obwohl für den Gasherd seit der Jahrhundertmitte - u.a. mittels Vorführküchen auf der Londoner Weltausstellung 1851 - verstärkt geworben wurde, tat das der Beliebtheit seines Vorgängers lange Zeit keinen Abbruch. Erst allmählich, gegen Ende des Jahrhunderts, begann die Skepsis gegenüber dem Kochen mit Gas zu verschwinden. Hilfreich für die endgültige Durchsetzung der reinen Form des Gasherdes[2] um 1930 dürfte die Ausstattung mit der mechanischen Zeit- und Temperaturregulierung in der zweiten Dekade gewesen sein, die damit die Geschichte der Automatisierung des Herdes einleitete. Interessanterweise ging sie also vom Gasherd und nicht, wie man vermuten könnte, vom Elektroherd aus.
Um 1930 "aufgetaucht" stieß er, obwohl er das Ende der Identifikation von Wärme und Flamme, damit den endgültigen Bruch mit den traditionellen Vorstellungen von der Essenszubereitung bedeutete, auf weniger Widerstand als der Gasherd.[3]
Er setzte sich doppelt so schnell durch: Von den ersten praktischen Versuchen und Vorführungen in den neunziger Jahren, respektive der "elektrischen Modellküche"

---

[1] Ebd., S.573

[2] Lange Zeit waren als Konkurrenz kombinierte Kohle- und Gasherde beliebt.

[3] Auf die Gründe dieses Phänomens werde ich im Rahmen der Entwicklung in Deutschland eingehen.

auf der Chicagoer Weltausstellung 1893, bis zum populären Haushaltsgerät vergingen gerade vier Jahrzehnte. Diese Inkubationszeit hatte weniger mit prinzipiellen Berührungsängsten des amerikanischen Publikums zu tun, sondern resultierte sowohl aus den technischen Mängeln der (teuren) Herde als auch aus den ungenügenden Kapazitäten des Stromnetzes. Obwohl 1881 in New York von Thomas Alva Edison das erste öffentliche Elektrizitätswerk der Welt zur Versorgung eines ganzen Stadtteils errichtet wurde, war "elektrischer Strom (...) in den neunziger Jahren in Amerika ebenso wie in Europa ein Luxus. Es gab kein ausgebautes Stromnetz."[1]

Beide Hindernisse machten sich auch bei der Haushaltskühlung bemerkbar, einem Bereich, in dem ebenfalls die amerikanische Entwicklung für Europa bis in die fünfziger Jahre beispielhaft bleiben sollte.

Die Tatsache, daß die klimatischen Bedingungen in Amerika die Kühlung von Lebensmitteln notwendig machte, scheint ein wesentlicher Faktor gewesen zu sein, der die Entwicklung der mechanischen Kälteerzeugung vorantrieb. Den entscheidenden Impuls erhielt sie 1823 durch Michael Faraday bzw. durch seine Entdeckung von Ammoniak als kälteerzeugende Substanz.

Die praktische Umsetzung dieser wegweisenden Erkenntnis ist Ferdinand Carré zu verdanken, der 1860, drei Jahre nachdem er die erste kommerziell anwendbare Kunsteismaschine patentieren ließ, den ersten Haushaltskühlschrank einführte. Seine Haushaltstauglichkeit war allerdings noch beträchtlich eingeschränkt: Umständlich war nicht nur die Bedienungsweise[2], hinderlich war auch seine Größe, bestand der Kühlschrank doch aus Ammoniak-, Gefrierkessel, Reservoir und schließlich dem als Wärmequelle dienenden tragbaren Ofen. Erst nachdem in der zweiten Dekade des 20.Jahrhunderts in Schweden dieser Ofen durch eine Gasflamme ersetzt wurde und in Frankreich bereits die Produktion elektrisch angetriebener Apparate aufgenommen wurde, erschien den amerikanischen Firmen eine Ausdehnung ihrer Produktion lohnenswert. In den zwanziger Jahren wuchs sie

---

[1] Giedion 1987, S.606

[2] Um ein Kilo Eis herzustellen, mußte man eine Stunde heizen, die gleiche Zeit brauchte auch der Gefriervorgang. Vgl. Giedion 1987, S.650

rapide an: 1930 erreicht sie eine Stückzahl von 850.000, 10% der elektrifizierten Haushalte verfügten bereits über einen Kühlschrank.[1]
Ende der vierziger Jahre konstatiert Giedion: "Neben dem Auto ist der mechanische Kühlschrank zum unentbehrlichen Bestandteil des amerikanischen Haushalts geworden."[2]

Erwähnenswert erscheint mir auch die Tatsache, daß zu diesem Zeitpunkt bereits eine völlig neue Form von Nahrung im Handel war: nicht nur die schon während der Zeit der Vollmechanisierung angebotenen vielfältigsten Konservenprodukte von der Dosensuppe bis zur Babynahrung, sondern auch die Tiefkühlkost. Basierend auf einem Patent von Clarence Birdseye (1925), der Lebensmittel zwischen Metallplatten legte und so gefror, war sie seit 1938 käuflich erwerbbar. Aufgrund ihrer Vorteile - auch der Städter konnte sich nun Lebensmittel auf Vorrat anschaffen, ohne daß er ihr Verderben befürchten mußte - erfreute sie sich zunehmender Beliebtheit. 1944 wurden bereits 600 Millionen Pfundpakete konsumiert.[3]
Bemerkenswert ist, daß bei einem derart hohen Verbrauch der/die Konsument/in noch nicht auf die "individualisierte" Tiefkühltruhe zurückgreifen konnte. Stattdessen existierten in den Vierzigern nur Gemeinschaftseinrichtungen, in ländlichen Gebieten in Form von Kühlhäusern, in der Stadt wurden gehobenere Appartementhäuser mit Tiefkühlräumen ausgestattet und die einzelnen Schließfächer an die interessierten Hausbewohner vermietet.
Die für die Haushaltstechnisierung typische "Individualisierung der Maschine" blieb im Fall der Gefriertechnik späteren Jahren vorbehalten.

---

[1] Vgl. U. Hellmann, Künstliche Kälte. Die Geschichte der Kühlung im Haushalt, Gießen 1990, S.101

[2] Giedion 1987, S.651

[3] Ebd., S.652

1.1.2 Die Mechanisierung der Reinigungsprozesse

Ist die menschliche Hand auch ein "technisch immens brauchbares Organ", "ein außerordentlich flexibel einsatzfähiges Werkzeug"[1], kann sie tasten, greifen, ziehen und drücken, so ist sie jedoch zu einem nicht imstande: "... sie kann ihre Bewegungen nicht in endlosem Kreislauf vollziehen."[2]
Genau an diesem Punkt setzte die erste Stufe der Mechanisierung an: Sie strebte, wie im folgenden an der Entwicklung von drei wichtigen Haushaltsgeräten illustriert werden soll, die Umwandlung dieser Bewegungen in eine kontinuierliche Rotation an.

Entsprechende Methoden tauchten zum ersten Mal in den fünfziger und sechziger Jahren des 19. Jahrhunderts auf:

"Arbeitssparende Geräte wurden nach der Mitte des Jahrhunderts mit erstaunlich sicherer Hand entworfen. (Wie zu zeigen ist, d.V.) ... wurde das Prinzip des Teppichkehrers, der Geschirrspülmaschine und der Waschmaschine fast im selben Augenblick erfunden".[3]

1859, 1865 und 1869 waren die Jahre, in denen durch entsprechende Patente die Basis für diese modernen Haushaltsgeräte gelegt wurden. Richtungsweisende Erfindungen, die jedoch lange Zeit nicht über den Status der "Vorratserfindungen" hinauskamen. Der Weg in den Haushalt mußte über den elektrischen Antrieb führen. Er wurde erst geebnet durch den in die Geräte einbaubaren, 1889 von Nicola Tesla auf den Markt gebrachten, elektrischen Kleinmotor.
Beginnen wir mit der Entwicklung von den ersten Staubsaugerungetümen zum handlichen elektrischen Staubsauger, der "früher und erfolgreicher als jedes andere mechanisierte Haushaltsgerät (...) einen Marsch durch die Welt angetreten (hat, d.V.).[4]

---

[1] H. Popitz, Epochen der Technikgeschichte, Tübingen 1989, S.53, S.54 u. S.55
[2] Giedion 1987, S.70
[3] Ebd., S.604
[4] Ebd., S.643

1. Der Staubsauger

Die Mechanisierung des Teppichreinigens beginnt um die Jahrhundertmitte, als man nach einer Alternative dafür suchte, entweder die Teppiche zum Reinigen in spezielle Waschanstalten zu geben oder sie in einer äußerst anstrengenden Prozedur selbst zu bürsten. Einen ersten Ausweg boten die frühen Handapparate, die über den Teppich gezogen wurden und mit Vakuum arbeiteten. Unter der Vielzahl von Patenten kristallisierten sich zwei Grundtypen heraus, die für die gesamte Entwicklung zum heutigen Haushaltsstaubsauger bestimmend waren: das Patent von 1859 mit reiner Saugwirkung ging in das sogenannte Tank-Modell ein, das Patent von 1860, zusätzlich mit rotierenden Bürsten und einen Luftstrom erzeugenden Blasebälgen ausgestattet, ging in das ein, das eine fahrbare Einheit bildete.[1]

Der Staubsauger-Typ von 1859, dessen Räder einen kleinen Ventilator antrieben, fand um die Jahrhundertwende Verwendung in den ersten stationären Anlagen, die in den USA die Vorstufe für die tragbaren Handapparate bildeten.[2] Diese im Keller installierten, mit den oberen Stockwerken durch Rohrleitungen verbundenen Modelle wurden vor allem von Unternehmen und nach der Jahrhundertwende auch von grösseren Einfamilienhäusern genutzt. In die seit 1905 erscheinenden ersten tragbaren Handapparate setzte man wenig Hoffnung. Ausgerüstet mit einer großen Turbinenpumpe und dem auf einem Wagengestell montierten Motor waren sie noch zu voluminös, um haushaltsfreundlich zu sein.

Trotz der weiteren Bemühungen um Vereinfachung und Reduktion seiner Teile, führte erst das Patent von 1908, der elektrisch betriebene Staubsauger der Hoover-Company, der seinen Vorläufern nicht nur hinsichtlich der Leistungsfähigkeit, sondern auch der Bedienungsfreundlichkeit haushoch überlegen war[3], zum Erfolg. Seit 1917 preisgünstig in Warenhauskatalogen angeboten, setzte er sich in der zweiten Dekade als erstes elektrisches Haushaltsgerät breitenwirksam durch.

---

[1] Ebd., S.642f.

[2] Im Gegensatz zu Frankreich und England, wo die Entwicklung über fahrbare Apparate lief, die, auf einen Handkarren montiert, von Haus zu Haus gezogen wurden.

[3] Wie die erste ganzseitige Werbung 1909 versprach, sollte "Kein Lärm wie bei den großen wagenartigen Apparaten - nur das sanfte Schnurren des kleinen Motors" zu hören sein, zit. n. Giedion 1987, S.641

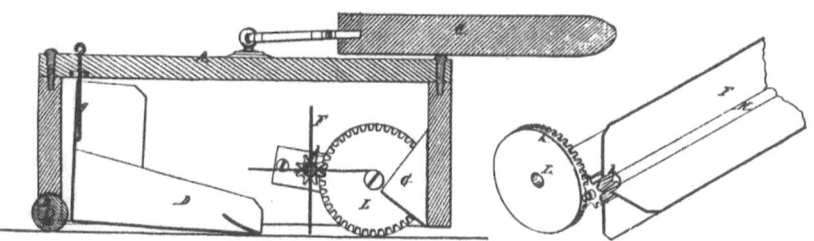

373. Festlegung der Grundform: Teppichkehrmaschine mit Gebläse. 1859. *Die erste nur mit Luftdruck arbeitende Maschine; allerdings wird der Staub nicht aufgesaugt, sondern hereingeblasen.* »Die bis heute entwickelten Teppichkehrmaschinen funktionierten mittels einer die Teppichoberfläche berührenden Bürste. (...) Der Zweck meiner jetzigen Erfindung ist, den Nachteil der Teppichabnutzung zu verhindern. Durch das rotierende Gebläse wird der Staub in den Kehrichtbehälter geblasen, und so wird der Teppich sauberer als mit der Bürste.« (U.S. Patent 22488, 4. Januar 1859)

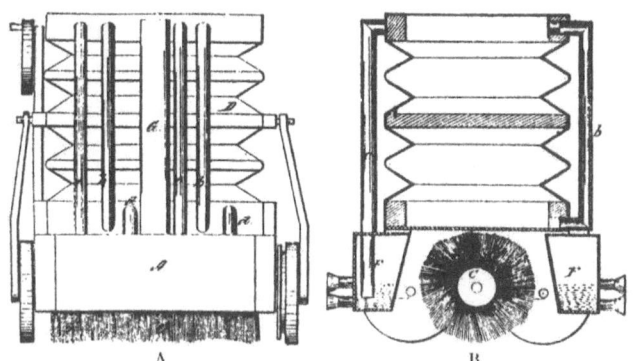

412. Balgen-Teppichkehrmaschine. 1860. *Die mit Rädern angetriebenen Balgen stellen eine andere Methode zur Erzeugung von Saugkraft dar. Dies ist die erste Kehrmaschine mit konstanter Saugkraft. Die staubbeladene Luft strömt durch Wasserkammern, wie in einigen der späteren fest installierten Apparate.* (U.S. Patent 29077, 10. Juli 1860)

Abb. 1: Giedion 1987, S.596 u. S.632

2. Die Waschmaschine

"Auf wenigen Gebieten - beim Revolver und den gußeisernen Öfen - ist die amerikanische Erfindertätigkeit fruchtbarer gewesen als auf dem Gebiet der Mechanisierung des Waschens."[1]

Von den ersten Bemühungen um die Mechanisierung des Waschens, beginnend mit dem ersten Patent 1805 bis zum Einzug der automatischen Waschmaschine in den Haushalt, verging jedoch mehr als ein Jahrhundert. Bis Mitte des 19. Jahrhunderts kam ihre Entwicklung über zahlreiche groteske Konstruktionen, die alle auf der Idee der Nachahmung der Hin- und Herbewegung der Hand basierten, nicht hinaus.

Den ersten Meilenstein in der Geschichte des automatischen Waschens markiert das Jahr 1851 mit dem sogenannten Zylinder-Modell von James T. King, der stattdessen auf die Verwendung von Dampf setzte. Er versuchte, die natürliche Zirkulation von Dampf und heißem Wasser auszunutzen, verstärkt durch zwei bzw. einen rotierenden Zylinder.

"Andere Erfinder haben versucht, so genau wie möglich den gewöhnlichen Waschvorgang durch Schrubben, Druck oder Reibung nachzuahmen (...), während in unseren Maschinen sich die Kleider abwechselnd in Dampf und in Seifenlauge befinden; der erstere öffnet die Faser, und letztere beseitigt den Schmutz. Daher kein Reiben, kein Stampfen oder Stoßen."[2]

Dieser erste Grundtyp wurde zwar in den sechziger Jahren, der Zeit des amerikanischen Erfinderhochs, beständig weiterentwickelt, eingesetzt wurde dieses Modell jedoch nur für gewerbliche Zwecke, in den großen Dampfwäschereien, die im letzten Drittel des Jahrhunderts einen Aufschwung erfuhren.

Als direkter Vorläufer der heutigen amerikanischen Haushaltswaschmaschine kann der 1869 patentierte Typ mit vertikaler Achse und einem Rührwerk in einem perforierten Metallbottich gelten.

---

[1] Giedion 1987, S.598

[2] J.T. King 1855, zit. n. Giedion 1987, S.610 u. S.612

War der Antrieb, bestehend aus Kegelrad, Kurbelwelle und Verbindungsarm, für diese Zeit schon bemerkenswert, so mußte der nächste Schritt zum Waschautomaten von der handgetriebenen "Drehkurbelmaschine" wegführen.

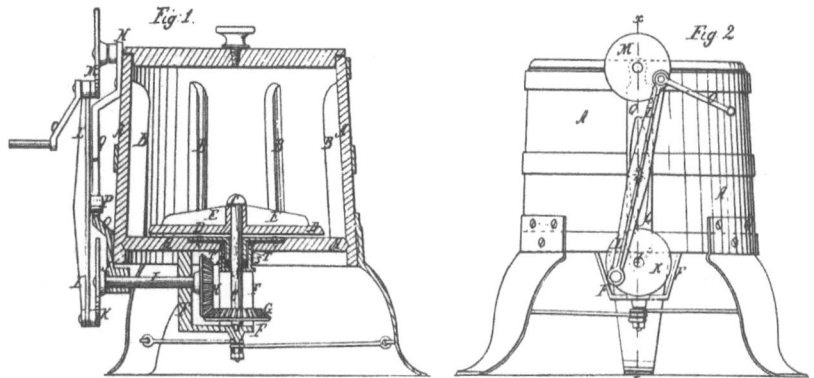

377. Festlegung der Grundform: Waschmaschine. 1869. *Modell mit Kreiselvorrichtung. Ein kleiner Rotor mit vier Blättern auf dem Boden des Bottichs treibt das Wasser durch den Stoff hindurch. »Die Gesamtform ist zylindrisch. An der Innenwand sind eine Anzahl aufrechtstehender Rippen angebracht. Auf einem senkrecht durch die Mitte des Bodens verlaufenden Schaft befindet sich ein Radkranz. (...) Eine Drehkurbel O.« (U.S. Patent 94005, 24. August 1869)*

Abb. 2: Giedion 1987, S.599

Bei der Weiterentwicklung der Waschmaschine ging es nicht mehr um das Ersetzen der Hand durch kontinuierliche Rotation, das für die Mechanisierung charakteristisch ist, sondern um die volle Automatisierung aller Arbeitsgänge.

Ein großes Problem bereitete die Aufgabe, zwei verschiedene Arbeitsgänge - Waschen und Trocknen - in einem Behälter zu kombinieren. 1878 schien das Grundprinzip gefunden: Eine motorgetriebene Waschmaschine mit einem Behälter und einem Trockner für zwei Geschwindigkeiten, eine niedrige für den langsamen Waschvorgang und eine hohe für das schnelle Schleudern. Da die Geschwindigkeit noch von Hand reguliert werden mußte, womit also erst die Stufe des halbautomatischen Waschens erreicht war, bemühten sich die Spezialisten nach der Jahrhundertwende verstärkt um eine automatische Kontrollvorrichtung. Mit dieser und dem elektrischen Antrieb versehen, stand dem Siegeszug des Waschautomaten, als "typisches und natürliches Produkt Amerikas und der Vollmechanisierung"[1], in den dreißiger Jahren nichts mehr im Wege.

3. Die Geschirrspülmaschine

Unter den oben genannten Vorratserfindungen nimmt sie eine Sonderstellung ein, da ihre Integration in den Haushalt nicht unmittelbar auf den Einbau des elektrischen Kleinmotors erfolgte. Noch in den vierziger Jahren war die elektrische Geschirrspülmaschine, die in den Dreißigern auf den Markt kam, verhältnismäßig wenig verbreitet.

Im Vergleich zur Waschmaschine und dem Staubsauger verlief ihre Entwicklung ziemlich linear. Statt einem jahrzehntelangen Herumexperimentieren, dem Ausprobieren verschiedener Methoden war das grundlegende Arbeitsprinzip bereits 1865 klar: das Turbinenprinzip, das darin bestand, Wasser gegen das verschmutzte Geschirr zu pressen.[2]

1910 wurde die neue Errungenschaft, versehen mit der zu dieser Zeit obligatorischen Handkurbel, auf einer Austellung in New York erstmals einer größeren Öffentlichkeit vorgestellt. Zwanzig Jahre später wurde ihr zwar durch die Produktion elektrischer Maschinen durch General Electrics der Weg in den Haushalt geebnet, durchsetzen sollte sie sich jedoch erst nach dem Zweiten Weltkrieg - mit einiger Verspätung im Vergleich zu den übrigen genannten elektrischen Haushaltsgeräten, die sich bereits in der Zeit der Vollmechanisierung sukzessive zu etablieren begannen: Staubsauger, Herd, Kühlschrank und Ende der dreißiger Jahre endlich auch die Waschmaschine, die 1941 in den USA bereits zur Standardausstattung gehörte[3], ersetzten zunehmend die Arbeitskraft der Dienstmädchen.[4]

---

[1] Ebd., S.618
[2] Ebd., S.626f.
[3] Vgl. Schwartz Cowan 1983, S.94
[4] Vgl. Ebd., S.174f.

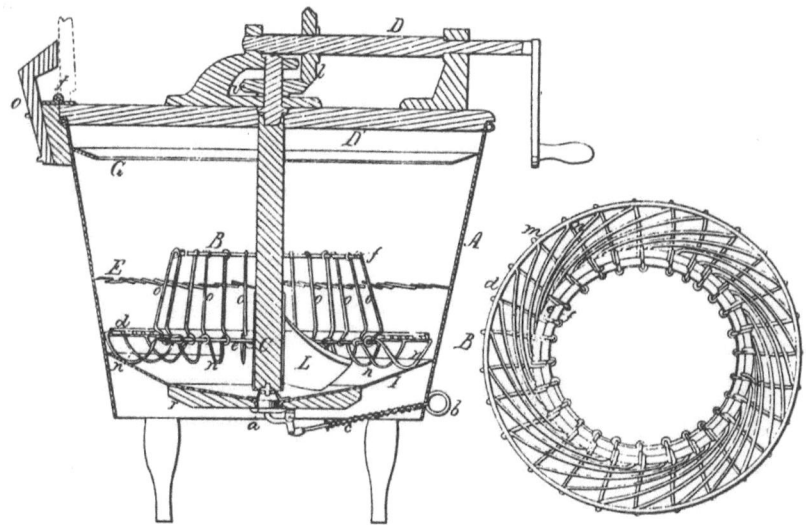

375. Festlegung der Grundform: Geschirrspülmaschine. 1865. »*Nachdem das Wasser zur Außenwand hin zwischen das Geschirr geschleudert wurde, fließt es wieder zur Mitte zurück. Aufgrund der tangentialen Stellung der Teller kann das Wasser zwischen ihnen durchgeschleudert werden.*« (*U.S. Patent 51000, 21. November 1865*)

Abb. 3: Giedion 1987, S.598

Der Einzug der Geschirrspülmaschine in den Haushalt hing, um es zusammenzufassen, von verschiedenen Faktoren ab: Notwendig war zum einen die Verkleinerung der in der Regel für die gewerbliche Verwendung konzipierten Apparatur, von vitaler Bedeutung war aber auch der elektrische Kleinmotor. Er "bedeutete für die Mechanisierung des Haushalts, was die Erfindung des Rades für den Transport von Lasten bedeutete. Er brachte alles ins Rollen."[1]
Keiner seiner Vorläufer, wie beispielsweise der bis 1910 für Staubsauger und Waschmaschine übliche Wassermotor, konnte solche Erfolge verbuchen wie dieser - in seiner endgültigen Form mit dem Gerät identischen - eingebaute Elektromotor.

Neben diesen technischen Verbesserungen spielten auch ökonomische Faktoren eine entscheidende Rolle: insbesondere die Tatsache, daß in den USA anders als

---

[1] Giedion 1987, S.604

in Europa die Preise für Elektrizität und elektrische Geräte bereits im ersten Drittel des 20.Jahrhunderts merklich gesunken waren.[1] Unterstützt durch den, allerdings in den dreißiger Jahren durch die Depression unterbrochenen, wirtschaftlichen Aufschwung und begleitet von der jahrzehntelangen "Sehnsucht" nach dem dienstbotenlosen Haushalt, hatte die USA damit die denkbar günstigsten Voraussetzungen, um die Vorreiterrolle bei der Haushaltstechnisierung übernehmen zu können.

Im Gegensatz dazu nahm Deutschland eine Nachzüglerposition ein, die sich, die soziokulturellen und -strukturellen Komponenten betreffend, bereits in der zweiten Hälfte des 19. Jahrhunderts andeutete. Die von Giedion identifizierten Stimuli waren hier noch kein Thema: Die Beschäftigung von Dienstboten bereitete bei der bestehenden Staats- und Gesellschaftsform keine Legitimationsprobleme, und die Diskussion über eine Reform der Hauswirtschaft war ein Produkt späterer Stunde, ein Problem, das in die zweite Technisierungsphase fällt.

Stand die Haushaltstechnisierung damit noch nicht in vergleichbarem Maße im Blickfeld, so lassen sich jedoch auch ihre historischen Entwicklungslinien bis in das letzte Jahrhundertdrittel zurückverfolgen. Ihre Basis wurde mit der Entdeckung von Gas und Elektrizität als neuen Energieträgern geschaffen.

"Hieraus entstanden Basisinnovationen im Bereich der Gas- und Elektrowärme, der elektrotechnischen Antriebs- und Steuertechnik, die neben der Verwertung in Industrie und Gewerbe auch die Haushaltsgeräteproduktion nachhaltig beeinflußt haben. Allerdings führten diese technischen Innovationen keineswegs gleichzeitig zur Entwicklung der heute zur Standardausstattung der Privathaushalte zählenden Großgeräte..."[2]

---

[1] Vgl. Schwartz Cowan 1983, S.90f.

[2] B. Orland, Sozialgeschichte der Haushaltstechnik, in: Arbeitsgemeinschaft Hauswirtschaft e.V./Stiftung Verbraucherinstitut (Hrsg.), Technisierung und Rationalisierung - überholte Zielsetzungen für den privaten Haushalt?, Berlin/Bonn 1987, S.23

Vielmehr war die zeitliche Differenz zwischen der Entdeckung der neuen Energieträger, ihrer Verteilung und Anwendung oft beträchtlich. Die dafür verantwortlichen technologischen Gründe sind Gegenstand des folgenden Abschnitts.

1.2 Die Entdeckung von Gas und Elektrizität als neuen Energieträgern und der Beginn der externen Technisierung

Die neue, Ende des 19. Jahrhunderts immer stärker in den Vordergrund rückende Energiequelle war das Gas. Zunehmend als große Erleichterung bei der Hausarbeit empfunden (Vgl. 1.4), konnte es sich in der Anfangszeit aber nur langsam durchsetzen. Zwischen der Einrichtung der ersten Gasanstalten in den zwanziger Jahren[1] und der Verwendung von Gas zu Beleuchtungszwecken und zur Wärmeerzeugung lag mehr als ein halbes Jahrhundert.
Verantwortlich für diese Inkubationszeit waren nicht nur die zahlreichen Negativpunkte wie Geruch, Giftigkeit und Explosionsgefahr, eine Hemmschwelle dürfte, wie Schivelbusch überzeugend argumentiert, auch die fundamental veränderte Form der Versorgung mit Energie dargestellt haben: Ihre Zentralisierung und Professionalisierung, die das Ende der traditionellen Selbstversorgung, ja das Ende der häuslichen Autarkie bedeutete.

"Das Haus, das aufhörte, seine eigene Beleuchtung und Heizung zu produzieren, entmündigte sich gleichsam, indem es sich wie mit einer Nabelschnur an den industriellen Energieproduzenten anschloß und damit von diesem abhängig machte."[2]

Auf solche, durch die Auslagerung des einst autonomen Aktes des Licht- bzw. Feuermachens ausgelösten Ängste und Widerstände, die u.a. auch die zögerliche Diffusion in den USA erklären, stieß die neue, "unsichtbare" Energie nicht mehr.

---

[1] 1825 in Hannover, ein Jahr später in Berlin, Vgl. H. Lindner, Strom. Erzeugung, Verteilung und Anwendung der Elektrizität, Reinbek bei Hamburg 1985, S.15

[2] W. Schivelbusch, Lichtblicke. Zur Geschichte der künstlichen Helligkeit im 19.Jahrhundert, München/Wien 1983, S.34

Die Elektrizität, 1786 von L. Galvani entdeckt, in den achtziger Jahren des 19. Jahrhunderts als Konkurrenz im Kampf um die Beleuchtung auftauchend, konnte mit einer schnelleren Akzeptanz rechnen.
Frenetisch gefeiert als die erste vollkommen saubere, geruchlose, nicht entflammbare und bequeme Energie, setzte man auf sie wesentlich grössere Hoffnungen als auf das Gas. "Erst mit der Elektrizität wurde eine Allgegenwart der Technik, eine Technisierung des gesamten Lebens, eine Versöhnung von Technik und Kultur vorstellbar."[1]
Was die Elektrizität für die Haushaltstechnisierung so geeignet machte, warum von ihr diesbezüglich weit wegweisendere Impulse ausgegangen sind als vom Gas, war insbesondere ihre, über die Beleuchtungs- und Heizzwecke hinausgehende Eignung zum Antrieb von Maschinen. Noch fehlten jedoch elementare Voraussetzungen, um die neue Energie nutzen zu können: in erster Linie eine nach dem Modell der Gasanstalten funktionierende zentrale Versorgung, die erst in den achtziger Jahren langsam in Angriff genommen wurde.
Bis dahin waren zwei bahnbrechende Erfindungen für die Entwicklung der Elektrizitätsversorgung von elementarer Bedeutung. Zum einen die Mehrfacherfindung der dynamoelektrischen Maschine 1866 durch Siemens, Wheatstone und Verley, mit der die Herstellung kontinuierlich großer Mengen Strom, der sowohl zur Beleuchtung als auch zum Antrieb von Maschinen genutzt werden konnte, möglich war. Zum anderen die Glühlampe, die zwar bereits 1854 von Goebel konstruiert, von Edison aber 1879 zu einem vollständigen System von Schaltern, Sicherungen und Lampenfassungen weiterentwickelt wurde.[2]
Verhalf sie auch letztendlich der elektrischen Beleuchtung Jahrzehnte später zum entscheidenden Durchbruch, so wurde ihr Nutzen in ihrer Anfangszeit, aufgrund der fehlenden zentralen Versorgung, geringer als der des Gaslichts eingestuft.

"Das ist außerordentlich bequem, ja, man möchte sagen, verführerisch bequem. Ganz anders beim electrischen Licht; der Strom, den wir zur Erzeu-

---

[1] Radkau 1989, S.217

[2] Vgl. K. Sattelberg, Vom Elektron zur Elektronik. Die Geschichte der Elektrizität, 2. erweiterte Auflage, Aarau/Schweiz 1982, S.141f.

gung desselben gebrauchen, muß von uns selber hergestellt werden, da sich vorläufig noch keine Gesellschaft mit der Lieferung eines electrischen Stromes befaßt."[1]

Für den Wunsch nach elektrischer Beleuchtung dürfte die Internationale Elektrizitäts-Ausstellung in Paris 1881, die die neue Energie erstmals einer interessierten Öffentlichkeit vorstellte, eine zentrale Rolle gespielt haben.

"Berichte von der Ausstellung schildern den ungeheuren Eindruck, den die Lichtfülle der verschiedenen Bogenlampen auf alle Besucher machte, sie erzählen auch von den Schlangen, die sich vor der kleinen Edison-Glühlampe gebildet hatten, da jeder selbst das unglaubliche Wunder erleben wollte, durch einfaches Drehen eines Schalterhahnes dieses zauberhafte Licht ein- und auszuschalten."[2]

Zusammen mit der im folgenden Jahr in München organisierten zweiten Internationalen Elektrizitäts-Ausstellung, die vor allem die praktische Anwendung der elektrischen Beleuchtung auch im Privathaushalt demonstrierte, war sie nach Einschätzung Millers ein entscheidender Impuls für den Beginn der Elektrizitätsversorgung.

Am Anfang dieser Entwicklung standen die Blockstationen, die erste wurde 1884 von der 1883 gegründeten Deutschen Edison Gesellschaft für angewandte Elektrizität, der späteren Allgemeinen Elektrizitätsgesellschaft (AEG), in Betrieb genommen. War ihr Versorgungsgebiet noch auf einen Häuserblock beschränkt, so konnte das des Nachfolgers, der Zentralstation, nachdem Leitungen über mehrere Strassen verlegt wurden, zwar ausgedehnt werden, allerdings nur in begrenzten Maße. Auch ihr Wirkungskreis ging nicht über einige hundert Meter

---

[1] A. Bernstein 1880, zit. n. Schivelbusch 1983, S.67 u. S.68. Zu dieser Zeit wurde Strom lediglich in Einzelanlagen, die eine geringe Kapazität hatten, erzeugt.

[2] R. von Miller, Ein Halbjahrhundert deutsche Stromversorgung aus öffentlichen Elektrizitätswerken, in: Beiträge zur Geschichte der Technik und Industrie, Bd. 25, 1936. Bezüglich der erwähnten Bogenlampen, der ersten Form der elektrischen Lichtquelle, ist ergänzend hinzuzufügen, daß sie aufgrund ihrer großen Lichtstärke lediglich für Leuchttürme, öffentliche Plätze, Fabriken und Geschäftshäuser verwendet werden konnten.

hinaus, wie der Name bereits sagt, mußten sie im Zentrum des zu versorgenden Gebietes errichtet werden.
Ursache dieser geringen Ausdehnungskapazität war die Verwendung der damals üblichen Gleichstromanlagen und die hierdurch erzwungenen niedrigen Spannungen (bis 100 Volt), die allerdings für das damalige Hauptanwendungsgebiet noch ausreichten: In den achtziger Jahren wurde Strom fast ausschließlich zu Beleuchtungszwecken verwendet, noch 1890 entfielen 96% des gelieferten Stroms auf den sogenannten Lichtstrom[1], der für gewerbliche Zwecke genutzt wurde.

Um diese ungleichmäßige und ökonomisch äußerst ungünstige Belastung der Werke abzubauen, suchte man in den neunziger Jahren nach Möglichkeiten zur Verteilung auch von "Kraftstrom" an gewerbetreibende Kleinabnehmer. Hierzu reichte jedoch der Gleichstrom nicht mehr aus, der Antrieb von Maschinen war meist nur mit Wechsel- bzw. Drehstrom möglich.
Während bis Ende der achtziger Jahre trotz der Erfindungen des leistungsstarken Drehstrommotors und des Drehstromtransformators der Wettstreit zwischen den Verfechtern des Gleichstroms und des Wechselstroms noch unentschieden war, leitete die Internationale Elektrizitäts-Ausstellung in Frankfurt 1891 eine neue Ära ein. Die dort durchgeführte Drehstromkraftübertragung über 175 km von Lauffen am Neckar nach Frankfurt am Main brachte den endgültigen Sieg des Wechsel-, besonders des Drehstroms und einen deutlichen Aufschwung des "Kraftstroms".
Dank der leichten Transformierbarkeit des Drehstroms über große Entfernungen ohne nennenswerten Spannungsverlust war nun auch der Weg zur Überlandversorgung frei.

Markieren die neunziger Jahre mit der Entstehung dieser ersten zentralen Kraftwerke und dem Ausbau der Starkstromtechnik auch einen entscheidenden Wendepunkt in der Geschichte der Elektrizitätsversorgung, so wurde an die Elektrifizierung der Haushalte noch nicht gedacht.
"Die Versorgung der öffentlichen Werke auf die Belieferung der Großindustrie auszudehnen und später den elektrischen Strom auch zur Erzeugung von Wärme

---

[1] Vgl. Sattelberg 1982, S.211

in Industrie und Gewerbe sowie im Haushalt zu verwenden"[1], sieht von Miller als Wunsch der Elektrizitätsversorgungsunternehmen erst in der zweiten Dekade des 20.Jahrhunderts aufkommen. Erst in diesem Zeitraum sollten allmählich auch grundlegende Voraussetzungen für eine effiziente Großraumversorgung erfüllt werden: und zwar mit dem Bau leistungsfähiger und extrem wirtschaftlich arbeitender, sich zu Verbundbetrieben zusammenschliessender Großkraftwerke, die Strom in ausreichender Menge und zu günstigen Preisen anbieten konnten.

Sprachen also auf der einen Seite die fehlenden infrastrukturellen Voraussetzungen, die defizitäre Leistungs- und Ausdehnungskapazität des Stromnetzes gegen die Versorgung der Haushalte mit Elektrizität, so stellt sich auf der anderen Seite die Frage, in welcher Form sie sie, abgesehen von der Beleuchtung, überhaupt hätten nutzen können.

Existierten im ausgehenden 19. Jahrhundert bereits elektrische Haushaltsgeräte? Erstaunlicherweise wurden bereits in den achtziger Jahren Versuche unternommen, Elektrizität auch als Wärmequelle, zur Beheizung von Haushaltsgeräten, zu nutzen. Die ersten zum Teil wegweisenden Resultate wurden zu dieser Zeit bereits auf entsprechenden Ausstellungen in Wien und Berlin präsentiert: Kochplatten, Bügeleisen, Eierkocher, Teekessel u.a., ein AEG-Verkaufskatalog bot 1896 sogar 80 verschiedene Elektrowärmegeräte an[2].

Attraktiv waren diese Neuerungen jedoch noch lange nicht. Nicht nur, daß sie in der Regel als ausgesprochener Luxus angesehen wurden, hinzu kam auch, daß sie sich auf den zweiten Blick als unzuverlässig und wenig haltbar erwiesen, was insbesondere den Heizelementen zuzuschreiben war. Entweder waren die vorhan-

---

[1] von Miller 1936, S.119

[2] E. Scheid, Rationalisierte Hausarbeit, in: Hauswirtschaft und Wissenschaft, 34.Jg., 1986, S.62

denen nicht leistungsfähig genug oder sie bestanden aus zu teurem Material, wie der Platindraht beim Bügeleisen[1].

Wie Bieling/Scholl zutreffend resümieren, fehlten damit "für eine Einführung auf breiter Basis sowohl von der Energieseite wie von der Beschaffenheit der Heizeinrichtungen her praktisch alle Voraussetzungen."[2]

Fallen auch in diese erste Technisierungsphase im Hinbick auf die Haushaltselektrifizierung wesentliche Entwicklungen und Erfindungen, sowohl hinsichtlich der Infrastruktur als auch der Geräte, die zumeist in ihren Grundlagen bekannt waren, so lag sie selbst, vor allem aufgrund der fehlenden Anschlußmöglichkeiten, noch in weiter Ferne.

Die alle Anwendungsbereiche der Elektrizität umfassende, 1873 von Werner Siemens geäußerte Vision sollte noch Jahrzehnte auf ihre Erfüllung warten.

"... Es ist daher denkbar, daß man in späteren Zeiten den durch gewaltige dynamoelectrische Maschinen erzeugten Strom wie gegenwärtig Gas und Wasser den Häusern zuführt und beliebig zu Licht-, Wärme- oder Krafterzeugung verwenden wird."[3]

Bis dahin sollten andere technische Innovationen die Arbeit in wesentlichen hauswirtschaftlichen Bereichen erleichtern: mechanisch angetriebene und mit festen Brennstoffen beheizbare Gerätevorläufer sowie die neue Generation Haushaltsgeräte, die den Anschluß an die Gasversorgung voraussetzten.

---

[1] Vgl. S.Meyer/B. Orland, Technik im Alltag des Haushalts und Wohnens, in: U. Troitzsch/W. Weber (Hrsg.), Die Technik von den Anfängen bis zur Gegenwart, Braunschweig/Stuttgart 1987, S.569

[2] F. Bieling/P. Scholl, Elektrogeräte für den Haushalt. Ihre Entwicklung im Hause Siemens, München 1966, S.7

[3] W. Siemens 1873, zit. n. Ebd., S.7

1.3 Haushaltsrelevante technische Innovationen und die Veränderung zentraler hauswirtschaftlicher Arbeitsbereiche

1.3.1 Licht- und Feuermachen - Wandel durch den Einzug von Gas und andere konstruktive Neuerungen

Diese Arbeit, die für uns heute dank der existierenden Beleuchtungs- und Wärmetechnik längst keine mehr ist, muß zu früheren Zeiten eine regelrechte Qual dargestellt haben. Licht- und Feuermachen war - der Darstellung der Frauenrechtlerin Louise Otto nach zu urteilen - bis zur Mitte des 19. Jahrhunderts keine einfache Sache. In ihrem 1876 erschienenen Buch "Frauenleben im Deutschen Reich", in dem sie die Hauswirtschaft der zwanziger Jahre mit der siebziger Jahre vergleicht, beschreibt sie emphatisch, welch große Erleichterung da bereits die Erfindung des Streichholzes[1] brachte.

"Es drang in das Haus, es half die Wirthschaft, die Küche reformiren - es erlöste Tausende, Millionen von Frauen von der Sorge um Licht. Sie konnten fortan ruhig schlafen - sie wußten, daß sie beim Erwachen am frühen Morgen nicht gleich mit einer schweren, problematischen Arbeit zu beginnen hatten, sie konnten gleich wohlgemut an ihr Tagewerk gehen."[2]

Anschaulich schildert Louise Otto auch die weiteren Fortschritte in der Geschichte der Beleuchtung: Von den selbstgezogenen Talglichtern über Öl- und Petroleumlampen, die aufwendige Instandhaltungsprozeduren erforderten, bis zum Gaslicht, das "im Haus fast gar keine oder nur sehr geringe Arbeit macht...".[3]

---

[1] Die Anfänge zur Herstellung der Zündhölzer reichen bis 1806 zurück, bis zur Jahrhundertmitte wurden sie beständig weiterentwickelt und seit 1855 bereits in Kombination mit der Streichholzschachtel angeboten. Vgl. Sonnemann 1978, S.326

[2] L. Otto, Frauenleben im Deutschen Reich: Erinnerungen aus der Vergangenheit mit Hinweis auf Gegenwart und Zukunft, Nachdruck der Ausgabe Leipzig, Schäfer 1876, Paderborn 1988, S.27

[3] Ebd., S.28

Trotz dieses Vorteils konnte sich das "philosophische Licht"[1], in gewerblichen Räumen seit den fünfziger Jahren vorherrschend, als Innenbeleuchtung für Wohnräume nicht durchsetzen. Die Argumente, die geltend gemacht wurden, wie Luftverschlechterung durch zu hohen Sauerstoffverbrauch, Beschädigung der Einrichtung und Intensität des Lichts, hält Schivelbusch mit dem Verweis auf entsprechende negative Eigenschaften der Kerzen, Öl- und Petroleumlampen, nicht für stichhaltig. Er sieht, wie oben dargestellt, die Ablehnung vielmehr in der Industrialisierung der Beleuchtung begründet, an die die Bevölkerung sich erst gewöhnen mußte.

1886, als das nicht mehr mit offener Flamme brennende Gasglühlicht[2] erfunden wurde, schienen sich die Berührungsängste reduziert zu haben. Erst dieses Beleuchtungsmittel konnte, obwohl es das Ende einer langen Beleuchtungstradition, das Ende der Flamme als Lichtquelle bedeutete, die technologisch rückschrittlichere Petroleumlampe ablösen. Jedoch nur sehr langsam und auch nicht in allen Haushalten.

Obwohl die Petroleumlampe im Gegensatz zum bequemen Gasglühlicht umständlich zu warten war - Reinigung des Glaszylinders, wiederholtes Beschneiden bzw. Ersetzen des Dochtes, Auffüllen des Ölbehälters -, blieb sie in der zweiten Hälfte des 19. Jahrhunderts "die Wohnraumbeleuchtung par excellence"[3]. In vielen Haushalten oft sogar darüber hinaus, so "daß das elektrische Licht sie und nicht das Gas ablöste."[4]

Trotz dieser Einschränkungen bleibt dennoch festzuhalten, daß die Beleuchtung das älteste Anwendungsgebiet des Energieträgers Gas war.
Auf seine Anwendung im Wärmesektor mußte er noch warten.

---

[1] Radkau 1989, S.96

[2] Seine Wirkung beruhte nicht mehr auf der Leuchtkraft der Flamme, sondern auf ihrer Heizkraft, genauer auf einem durch eine Bunsenflamme erhitzten Glühstrumpf. Vgl. Schivelbusch 1983, S.52

[3] L. Galine 1894, zit. n. Ebd., S.155

[4] Allgäuer Überlandwerke 1957, zit. n. W. Zängl, Deutschlands Strom: die Politik der Elektrifizierung von 1866 bis heute, Frankfurt am Main/New York 1989, S.111

Zwar war die Wärmeerzeugung seit 1855 mit der Erfindung des Bunsenbrenners mit entleuchteter Flamme möglich und wurden auch ab 1860 Gaswärmegeräte wie Bügeleisen, Kocher, Herde und Öfen produziert[1], aufgrund technischer Mängel waren sie aber für den Haushalt noch nicht attraktiv genug.

Das gilt beispielsweise für das Gasbügeleisen, das in zwei Varianten existierte: Entweder wurde es auf einem mit Gas beheizten Gestell erwärmt oder, die technologisch interessantere Lösung, über einen mit der Gasbeleuchtung verbundenen Schlauch mit Gas versorgt.

"Diese Geräte hatten (jedoch, d.V.) erhebliche Nachteile: Sie mußten mindestens eine halbe Stunde vorgeheizt werden und hatten deshalb einen relativ hohen Gasverbrauch. Es bestand die Gefahr des Überhitzens und bei undichtem Gaszuleitungsschlauch sogar Explosionsgefahr."[2]

Neben diesen Nachteilen darf aber auch der gravierende Fortschritt, den sie brachten, nicht vergessen werden: die Ermöglichung eines kontinuierlichen Bügelvorganges ohne Aufheizunterbrechungen.
Keiner der Vorgänger des Gasbügeleisens war dazu in der Lage. Die frühen, noch sehr schweren Modelle waren äußerst umständlich zu bedienen und zwangen zu einer ständigen Unterbrechung der Arbeit: Bei dem einen mußte der im Eisen befindliche Metallbolzen im Feuer erhitzt werden oder die Holzkohle im Innenraum erneuert werden, bei dem anderen das Eisen selbst mit seiner Gleitfläche am Ofen erwärmt werden.
Auch das in den achtziger Jahren aufkommende Glühstoffeisen, das im Gegensatz zum herkömmlichen Kohleeisen industriell gefertigte Holzkohle benutzte und so relativ geruchsfrei war, änderte daran nichts.
Diesbezüglich eine Weiterentwicklung stellte dann das Spiritus-Bügeleisen dar: Sein kleiner Tank reichte immerhin für ca. eine Stunde ununterbrochenes Bügeln.

---

[1] Vgl. H.U. Bussemer u.a., Zur technischen Entwicklung von Haushaltsgeräten und deren Auswirkungen auf die Familie, in: G. Tornieporth (Hrsg.), Arbeitsplatz Haushalt. Zur Theorie und Ökologie der Hausarbeit, Berlin 1988, S.118

[2] Meyer/Orland 1987, S.568

Durchsetzen konnte es sich allerdings nicht, lediglich als Reisebügeleisen blieb es bis in die vierziger Jahre unseres Jahrhunderts interessant.[1]

Kommen wir zurück zu den gasbeheizten Haushaltsgeräten.
Trotz der sich abzeichnenden Vorzüge stand lange Zeit ihre technische Unausgereiftheit einer breiteren Einführung im Wege - oder wie im Falle des Herdes die Zufriedenheit mit dem Vorgänger.
Zwar wurde der Gasherd ab ca. 1870, ausgestattet mit einem besseren Brenner, der die Flamme stärker erhitzte und das Gas vollständig verbrennen ließ, langsam mit dem Kohleherd konkurrenzfähig, verdrängen konnte er ihn jedoch noch lange nicht.
Wie schon in den USA, seinem Herkunftsland, erfreute sich auch hierzulande der geschlossene gußeiserne Herd, aufgrund der leichten Transportierbarkeit "Kochmaschine" genannt, seit den sechziger Jahren großer Beliebtheit.

11 »Halbrunde Kochmaschine« aus dem Katalog einer Eisenhütte in Westfalen. Lünen um 1865.

Abb. 4: G. Benker, In alten Küchen. Einrichtung - Gerät - Kochkunst, München 1987, S.17

---

[1] Vgl. B. Orland, Wäsche waschen. Technik- und Sozialgeschichte der häuslichen Wäschepflege, Reinbek bei Hamburg 1991, S.112

Mit dem geschlossenen Herd war "eine wichtige Zäsur in der Entwicklung des Haushaltens erreicht, denn nun war, bis auf einige wenige rückständige Gebiete, das offene Feuer endgültig aus den Küchen verschwunden."[1] Verbannt waren damit auch seine unangenehmen, den Arbeitsaufwand erhöhenden Begleiterscheinungen wie Rauch und Ruß.

Anders als die Kochmaschine brauchte der Gasherd viel länger, um sich durchzusetzen. Seine enormen Vorzüge, die Arbeitsersparnis, die darin bestand, daß sich fortan Tätigkeiten wie Holz hacken bzw. Kohle schleppen, Feuermachen und Inganghalten, Asche zusammenfegen und aufwendige Herdreinigung erübrigten, wurden in seiner Anfangszeit nur von wenigen erkannt. Beispielsweise von Louise Otto, die bereits 1876 entsprechende Hoffnungen auf das Gas setzt: "Wenn uns das Gas nicht nur leuchtet, sondern auch zum Kochen dient... - wieviel weibliche Arbeitskraft wird da vollends in jedem Hauswesen frei...!"[2]
In den Genuß dieser Arbeitserleichterung sollten die Frauen jedoch erst gegen Ende des Jahrhunderts kommen, als in den Städten eine ausreichende Vernetzung mit Gasleitungen vorhanden war.

Lassen wir die vorliegenden Ausführungen zum Licht- und Feuermachen einschließlich des vorangehenden Elektrizitäts-Kapitels nun Revue passieren, so sehen wir, daß sich im Laufe eines Jahrhunderts erstaunlich viel getan hat.
Setzten sich die neuen Energieträger im Haushalt bis zur Jahrhundertwende auch noch nicht breitenwirksam durch, so wurde die Bevölkerung, die um 1800 nur das offene Feuer bzw. die offene Flamme als Licht- und Wärmequelle kannte, doch mit den neuen Energien konfrontiert. Während die Elektrizität länger auf ihren "Auftritt" warten mußte, zeichnete sich die Einführung von Gas im ausgehenden 19. Jahrhundert bereits ab, auch wenn "um die Jahrhundertwende ... das Nebeneinander von alter und neuer Technik noch die Regel"[3] war: die Petroleumlampe

---

[1] M. Tränkle, Zur Geschichte des Herdes, in: M. Andritzky (Hrsg.), Oikos. von der Feuerstelle zur Mikrowelle. Haushalt und Wohnen im Wandel, Gießen 1992, S.44

[2] Otto 1876, S.29

[3] Ebd., S.47

in Koexistenz mit dem Gasglühlicht, Kohleherd und Gasherd noch bis Mitte des 20.Jahrhunderts oder die sogenannten Kombiherde mit Gasbrenner und Holz- bzw. Kohlefeuerung.

In den folgenden beiden Abschnitten soll der Frage nachgegangen werden, ob bzw. welche mechanischen Gerätevorläufer die Arbeitsbereiche Wäsche- und Wohnungspflege in diesem Zeitraum verändert haben.

1.3.2 Die Mechanisierung der Wäschepflege

Das Wäschewaschen selbst, das ist unbestritten, war bis zu seiner Automatisierung die zeit- und kraftintensivste Haushaltsarbeit. Der unerhörte Arbeitsaufwand, die zahlreichen Arbeitsgänge wie Einweichen am Vortag, Kochen, Beuchen, Waschen, Spülen, Wringen, Bleichen, Bläuen, Stärken[1] waren allein nicht zu bewältigen. Solange effiziente technische Hilfen fehlten, blieb die Hausfrau auf die Unterstützung der Dienstmädchen oder Waschfrauen, auf deren Schultern nach Hausen die meiste Arbeit lag, angewiesen.
Waren sie auch die größte Hilfe, so ist dennoch die Entwicklung im Bereich der Waschwerkzeuge nicht zu übersehen. Inwiefern dadurch Hausens Einschätzung, daß der Arbeitsablauf "bis zum Ende des 19. Jahrhunderts in den Haushalten kaum eine Veränderung erfahren"[2] hat, relativiert wird, wird im folgenden zu prüfen sein.

Fand auch die gerätetechnische Revolutionierung des Wäschewaschens erst im 20.Jahrhundert durch die vollautomatische Waschmaschine statt, so wurde das Angebot an technischen Hilfsmitteln im Laufe des 19. Jahrhunderts doch zumindest um einige konstruktive Neuerungen erweitert.

---

[1] Eine detaillierte Beschreibung dieser Verrichtungen findet sich bei Hausen, K., Große Wäsche. Technischer Fortschritt und sozialer Wandel in Deutschland vom 18. bis ins 20. Jahrhundert, in: Geschichte und Gesellschaft, 13.Jg. 1987, Heft 3, S.290f.

[2] Ebd., S.290

Zu den bis zur Jahrhundertwende gebräuchlichsten Waschhilfsgeräten gehörten in der Regel ein großer Kupfer- oder Messingkessel für heisses Wasser und verschiedene Holzbottiche und Wannen zum Einweichen, Waschen und Spülen. Das wichtigste Gerät zur mechanischen Bearbeitung der Wäsche war der Waschbleuel, mit dem die Wäsche geschlagen wurde - eine ungeheure Kraftanstrengung, bedenkt man allein das weite und kräftige Ausholen mit dem Arm.

Einen Riesen-Fortschritt bedeutete deshalb bereits das ihn ab der Jahrhundertmitte sukzessive ersetzende Waschbrett, das nicht nur die "am häufigsten angewandte Maschine, wenn man das Instrument als solches bezeichnen will"[1] war, sondern auch als "zuverlässigste aller "Waschmaschinen""[2] geschätzt wurde.

Eine Einschätzung, die nicht verwundert, wenn man an die zu dieser Zeit existierenden ersten "richtigen" Waschmaschinen-Konstruktionen denkt: Sie wuschen entweder nicht sauber oder beschädigten das Waschgut.

Dennoch gab man nicht auf; die zweite Hälfte des 19. Jahrhunderts ist gekennzeichnet von zahlreichen, auf unterschiedlichen Prinzipien beruhenden Versuchen, "das Rubbeln, Reiben, Stauchen, Schlagen und Bürsten der Wäschestücke von Hand durch eine mechanische Kraft zu ersetzen oder zumindest zu erleichtern."[3]

Als Siegerin dieser Experimentierphase setzte sich vorläufig im ausgehenden 19. Jahrhundert, wie schon in den USA, die, aus einem Holzbottich und dem in ihm angebrachten drehbaren Rührwerk bestehende, Rührflügelmaschine durch.

"Alsdann macht man die Maschine zu und läßt zwei Personen die Flügel gleichmäßig bewegen, und zwar hin und her, von der rechten nach der linken Seite. Das Drehen geschieht unausgesetzt, pünktlich zehn Minuten lang. Dann wird das Zeug herausgenommen und in ein hölzernes Sieb zum Ablaufen gelegt..."[4]

---

[1] Buchholz 1868, zit. n. Orland 1991, S.102

[2] Hausen 1987, S.295

[3] Orland 1991, S.93, die auch die unterschiedlichen Grundprinzipien ausführlich darstellt.

[4] Bedienungsanleitung zu Anfang des Jahrhunderts, ohne genaue Quellenangabe, zit. n. Meyer/Schulze 1987, S.566

Die um die Jahrhundertwende entwickelte, sich in Europa als Standardmaschine langfristig durchsetzende, Trommelwaschmaschine hatte dagegen im ersten Drittel des 20.Jahrhunderts noch keine größere Bedeutung. Im Unterschied zu dem obigen Modell hatte sie in dem Laugenbehälter eine ebenfalls von Hand in Bewegung zu setzende Trommel, in die die Wäsche gefüllt wurde.

Abb. 5: I. Braun, Stoff, Wechsel, Technik: zur Soziologie und Ökologie der Waschmaschinen, Berlin 1988, S.28

Abb. 6: Orland 1991, S.210

Ende des 19. Jahrhunderts schienen sich neben dem Rührflügel-Waschapparat vor allem Sprudel -oder Dampfeinsätze für den Waschkessel und insbesondere der Dampfwaschtopf großer Beliebtheit zu erfreuen. Diese Geräte technisierten, aufbauend auf dem ersten amerikanischen Grundtyp, im Gegensatz zu den Waschmaschinen, die Arbeit des Laugeaufheizens, Kochens und Auslaugens. Der Vorteil des Wäsche-Dämpfens bestand darin, daß das Waschgut "bis zum Erkalten sich selbst überlassen"[1] werden konnte.

Trotz dieser Erleichterung darf dennoch nicht vergessen werden, daß diese Geräte, wie auch die mechanischen Waschapparate, lediglich als Hilfskonstruktionen zur Vorbehandlung der Wäsche fungierten. Sie erübrigten weder die umständlichen Vorbereitungsarbeiten noch gänzlich das eigentliche Waschen: Je nach Waschprinzip blieb sogar das Kochen der Wäsche, in jedem Fall aber ihre Nachbearbeitung von Hand und das Auswaschen weiterhin notwendig. Der Hauptvorteil des

---

[1] Ebd., S.107

für viele unerschwinglichen "Luxusgutes Waschmaschine" scheint vor allem darin bestanden zu haben, daß sie die bereits gekochte Wäsche in Bewegung hielt, so daß sich zumindest ein Teil des Schmutzes lösen konnte.

Neben diesen frühen Hilfswaschmaschinen müssen auch die Innovationen Erwähnung finden, die die äußerst anstrengende, oft zwei Personen erfordernde Arbeit des Auswringens mechanisierten.

Einen ersten wesentlichen Fortschritt stellte bereits die seit 1862 angebotene Wringmaschine dar, ein Gerät, das meist am Bottichrand aufmontiert wurde: Die Wäsche wurde zwischen zwei, von einer Kurbel gegeneinander gedrehte, Gummiwalzen gepreßt und konnte so weniger anstrengend und ohne Hilfe entwässert werden.[1]

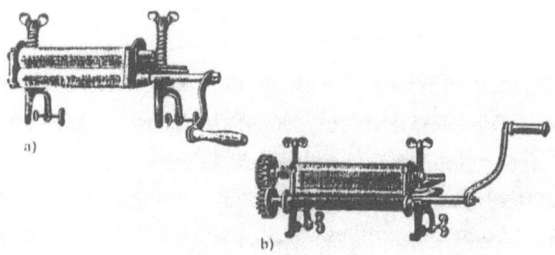

Abb. 7: Orland 1991, S.109

Als Weiterentwicklung der Wringmaschine wurde einige Jahre später die sogenannte Zentrifugal-Trockenmaschine, der Vorläufer unserer Wäscheschleuder auf den Markt gebracht.[2] Wurde sie was Wäscheschonung und Trockeneffekt betraf, von Kennern auch sehr positiv beurteilt, so war sie doch für den Hausgebrauch noch zu teuer.

---

[1] Vgl. Hausen 1987, S.295

[2] Orland 1991, S.110

Vor dem Hintergrund der genannten Innovationen - vom Waschbrett, das Ende des 19. Jahrhunderts zusätzlich durch den Wäschestampfer ergänzt wurde, über die Wringmaschine zur Rührflügelmaschine und dem Dampfwaschtopf - ist Hausens anfangs erwähnte pessimistische Einstellung zumindest zu relativieren. Ist auch die Frage offen, ob sich durch sie, wie Louise Otto feststellte, die Schreckenszeit der "großen Wäsche" sehr abgekürzt hat[1], so haben sie doch bestimmte Bewegungsabläufe vereinfacht und dazu beigetragen, den für die Wäschepflege benötigten Kraftaufwand etwas zu reduzieren.

Kaum Spektakuläres hat sich dagegen, wie die folgenden Ausführungen zeigen werden, bei der Wohnungspflege ereignet.

1.3.3 (Fast) Alles beim Alten: Die Wohnungspflege

Die verschiedenen Reinigungsarbeiten im Haushalt - Staub wischen, fegen, putzen, bohnern, scheuern etc. - waren im gesamten 19. Jahrhundert eine physisch anstrengende und zeitaufwendige Arbeit, für die es kaum arbeitserleichternde technische Geräte gab.

Reinigungsmittel zur Fleckenentfernung wurden größtenteils selbst hergestellt. Das wichtigste Reinigungsmittel bei der Bodenpflege, auf die ich mich hier beschränken werde, scheint nach allgemeiner Einschätzung Sand gewesen zu sein.[2]
Dies findet sich auch in den Schilderungen Ottos bestätigt:

"Bislang hatte die Sitte geherrscht, über die weißgescheuerten Dielen im Wohn- und Vorzimmer und auf den Treppen weißen Sand zu sieben, er wurde täglich am Morgen weggekehrt, um so den Schmutz mit zu entfernen, und wieder frischer darüber gestreut..."[3]

Im Laufe des 19. Jahrhunderts verabschiedete man sich ihren Ausführungen zufolge zwar von dieser Tätigkeit, das in regelmäßigen Abständen zu verrichtende

---

[1] Otto 1876, S.10f.

[2] Vgl. F. Bohmert, Hauptsache sauber? Vom Waschen und Reinigen im Wandel der Zeit, Düsseldorf 1988, S.128f.

[3] Otto 1876, S.9

Scheuern aber blieb - als Arbeit, die in den besser gestellten bürgerlichen Haushalten allerdings an sogenannte Scheuerfrauen delegiert wurde.

"Ja, man denke nicht, daß ein halbgroßes Zimmer etwa in einem halben Tag gereinigt war - das erforderte eine ganze Tagarbeit und mehr. Schon am Abend vorher wurden in der Regel die Fettflecken auf den Dielen mit Töpferthon mittelst eines Hölzchen eingestrichen... Dann ward das ganze Zimmer ausgeräumt bis auf die schweren Möbels... Die Scheuerfrau mit drei Fässern erschien dann sobald es tagte, kniete auf einem Scheuerbret und verrichtete ihre Arbeit mit Scheuersand und Strohwisch und grauen Scheuertüchern, Diele für Diele. Hatte sie ihr Werk vollendet, was wie gesagt viele Stunden dauerte, ward Sand darüber gestreut und nachher wieder weggekehrt..."[1]

Die Erlösung von diesen Kraftakten brachte dann der Einzug des Parkettbodens.

"Es dauerte lange, ehe man einzelne Zimmer zuerst im Winter mit wollenen Teppichen ausschlug, dann kam das Wachstuch dazu auf, später bohnte man die Dielen braun, dann lackirte man sie, bis man beim heutigen Parkett angelangt. Wie viel ist nur dadurch an täglicher Hausarbeit erspart, wie sind die Scheuertage zur lächerlichen Sage geworden!"[2]

Ist Louise Ottos Begeisterung auch verständlich, so darf dennoch nicht übersehen werden, daß auch die Reinigung dieser neuen Böden keine einfache Arbeit war: weder das meist manuell, kniend zu verrichtende Bohnern noch das Staubsaugen. Die verschiedenen mechanischen, nach dem "amerikanischen" Blasebalgprinzip funktionierenden, Staubsauger[3] galten als äußerst unzweckmäßig und fanden in den wenigsten Haushalten Eingang.

Bis zum Einzug des elektrischen Staubsaugers schienen sich die meisten mit Reisbesen und Teppichklopfer - die wesentlichen Hilfsmittel bei der Bodenpflege - behelfen zu müssen.

---

[1] Ebd.
[2] Ebd., S.10
[3] Vgl. Meyer/Schulze 1987, S.572 u. S.574

Nach diesem Überblick über das Niveau der internen Technisierung bzw. die wesentlichsten mechanischen Gerätevorläufer und die neue Generation der gasbeheizten Haushaltsgeräte, die die verschiedenen hauswirtschaftlichen Arbeitsbereiche in unterschiedlichem Ausmaß veränderten, möchte ich mich im nächsten Abschnitt mit der dritten Dimension der Technisierung auseinandersetzen: Mit den Konsumangeboten, die bei dem Strukturwandel der Hausarbeit im letzten Drittel des 19. Jahrhunderts zweifelsohne die größte Rolle spielten.

1.4 Von der Produktions- zur Konsumtionsgemeinschaft? Die Bedeutung der industriellen Warenproduktion für die Haushaltsführung der bürgerlichen Frau

War Deutschland bis zur Jahrhundertmitte noch überwiegend ein Agrarstaat, in dem der Bedarf an Gütern für den täglichen Bedarf hauptsächlich durch Eigenproduktion gedeckt wurde, so änderte sich dieses Bild ab der Jahrhundertmitte im Zuge des rapide verlaufenden Urbanisierungs- und Industrialisierungsprozesses grundlegend.

Der Kauf von Gütern begann mit dem Ausbau der Konsumgüterindustrie eine immer wichtigere Rolle zu spielen, wodurch sich das Ausmaß der produktiven Aufgaben im Haushalt sehr reduzierte. Zumindest für die Gruppen des Bürgertums, die sich eine Bedarfsdeckung über den Markt leisten konnten, d.h. bis auf die höheren Beamten eigentlich alle. Abgesehen von dieser Ausnahme konnten die übrigen Angehörigen des Bürgertums, wie Rosenbaum schreibt, aufgrund des finanziellen Aufstiegs im Kaiserreich, insbesondere zwischen 1890 und 1914, ihren Lebensstandard steigern.[1]

Dazu gehörte vor allem die zunehmende Auslagerung von hauswirtschaftlichen Tätigkeiten. Parallel zur expandierenden Konfektionsindustrie nahm beispielsweise die Herstellung der gesamten Kleidung im Hause immer mehr ab. Dort, wo sie

---

[1] Vgl. Rosenbaum 1990, S.326f.

jedoch noch der Hausfrau überlassen blieb, wurde sie häufig durch die Nähmaschine, eine der ersten haushaltstechnischen Innovationen[1] erleichtert.

"Fortschrittliche Hausfrauen beeilten sich, eine Familiennähmaschine anzuschaffen, in der Hoffnung, nun habe alle Noth und Arbeit ein Ende, nun könne die Maschine Alles verrichten, wozu man sich sonst unendlich angestrengt..."[2]

Nicht nur das Nähen wurde bequemer bzw. ausgelagert, auch bei der Wäschepflege zeichneten sich zusätzlich zu dem gerätetechnischen Fortschritt Verbesserungen durch neue Konsumangebote ab: Als wohl erste relevante chemische Innovation in diesem Sektor ist das industriemäßig hergestellte Soda anzusehen, das zusammen mit Seife das traditionelle Waschmittel darstellte. Dank ihm erübrigte sich die bis dahin übliche aufwendige Prozedur der Laugenzubereitung mit Holzasche.
Ein weiterer Meilenstein waren die ersten konfektionierten Waschpulver, die aus Soda, Seife und Wasserglas bestehend, von den in der zweiten Jahrhunderthälfte entstehenden Seifenfabriken produziert wurden.
Nach einem Bericht der Aachener Handelskammer aus dem Jahr 1876 klang die Bewertung der neuen Waschpulver, deren bekanntester Vertreter wohl Henkels "Universal-Waschmittel" war, jedoch nicht gerade optimistisch.

"Ein Surrogat für Seife gibt es noch nicht, und wenn sich auch zuweilen jemand durch Zeitungsannoncen zu einem Versuch mit neuen Waschmitteln verleiten läßt, so gelangt er doch sehr bald zu der Überzeugung, daß ihm damit mehr ein Ersatz für Soda als für Seife geboten wird, den er obendrein viel zu teuer bezahlen muß."[3]

---

[1] 1846 von Elias Howe patentiert, seit den fünfziger Jahren erwerbbar, konnte sie sich bereits in den siebziger Jahren, nachdem ihr Preis reduziert bzw. Ratenzahlung angeboten wurde, eine breite Käuferschicht erobern. Vgl. Meyer/Schulze 1987, S.581f.

[2] Otto 1876, S.44

[3] Bohmert 1988, S.54

Erst als die neuen Produkte seit den achtziger Jahren leistungsstärker waren und preisgünstiger angeboten wurden, konnten sie allmählich die vielfach noch selbst hergestellte Seife verdrängen.[1]
Auf weitere arbeitssparende chemische Innovationen mußte die Hausfrau bis 1907 warten: z.B. auf die Einführung des ersten selbsttätigen Waschmittels "Persil", "mit dem man durch einmaliges Kochen, ohne Mühe, ohne Reiben blendend weiße Wäsche erhält."[2]

Sind die genannten Erleichterungen auch nicht zu unterschätzen, so hat sich die Haushaltsführung zweifellos am tiefgreifendsten durch die "Merkantilisierung der Nahrungsmittel"[3] verändert: Der Einkauf wurde in der Stadt zur vorherrschenden Form der Nahrungsmittelbeschaffung. Die "ganze Umständlichkeit früherer Zeiten"[4] war, wie Louise Otto schreibt, verschwunden; gekauft wurden nicht nur Wurst-, Fleisch- und Backwaren, im Zuge des Ausbaus der Nahrungs- und Genußmittelindustrie[5] und der in den siebziger Jahren entstehenden Konservenindustrie wurde auch das Warenangebot differenzierter: Neue Produkte wie Liebig's Fleischextrakt, der das schwierige Herstellen frischer Brühe ersetzte, die "Erbswurst", Teigwaren, Marmelade, Puddingpulver und Surrogate wie Margarine und Malzkaffee eroberten zunehmend die Gunst der Konsument/inn/en.
Die ersten, vor allem für die Versorgung von Militär, Marine und Gaststätten gedachten, Gemüse-, Obst-, Fisch- und Fleischkonserven, das "Würstchen in der

---

[1] Nach Meyers Recherchen galt zuweilen noch um 1890 die aus Fettabfällen gekochte Seife als billiger und besser als die erwerbbare Alternative. Vgl. S.Meyer, Die mühsame Arbeit des demonstrativen Müßiggangs. Über die häuslichen Pflichten der Beamtenfrauen im Kaiserreich, in: K. Hausen, Frauen suchen ihre Geschichte, München 1983, S.188

[2] Bohmert 1988, S.62

[3] H.-J. Teuteberg, Zur Frage des Wandels der deutschen Volksernährung durch die Industrialisierung, in: R. Braun u.a. (Hrsg.), Gesellschaft in der industriellen Revolution, Köln 1973, S.332

[4] Otto 1876, S.12

[5] Nach Teuteberg nahm sie ihren Ausgang in den fünfziger Jahren mit der Entstehung der Wurst- und Fleischwarenfabriken. Vgl. Teuteberg 1973, S.334

Dose" schienen sich dagegen erst nach dem Ersten Weltkrieg ganz allmählich durchzusetzen.

Die Vorratshaltung, die Konservierung der Lebensmittel durch Einmachen, Einsalzen, Dörren, Säuern und Räuchern gehörte dementsprechend auch im Industriezeitalter noch lange zu den häuslichen Aufgaben. Jedoch auch sie wurde seit den achtziger Jahren wesentlich erleichtert: Durch die erste chemisch hergestellte Konservierungssäure, die Salicylsäure, die "die Eigenschaft hat, jede Schimmelbildung und Fäulnis zu verhüten."[1]

Wollen wir ein erstes Fazit ziehen, so läßt sich feststellen, daß die bürgerliche Hausfrau in der zweiten Hälfte des 19. Jahrhunderts zwar nicht aller produktiven Tätigkeiten im Haushalt "beraubt" wurde, daß diese sich aber im Vergleich zum vorhergehenden Jahrhundert zumindest für die Frauen der bessergestellten Kreise des Besitz- und Bildungsbürgertums enorm reduzierten.
"Die Hausfrauen von einst waren auf sich selbst gestellt - sie mußten all das selbst thun, angeben, bedenken, was ihnen jetzt fertig geliefert wird..."[2]
Waren auch die bürgerlichen Frauen aus Familien mit einem eher bescheidenen Vermögen aus Sparsamkeitsgründen weiterhin zur Herstellung bzw. Verarbeitung eines Teils der Lebensmittel, der Bekleidung und von diversen Gebrauchsgütern gezwungen, so ist unbestritten, daß sich die Hauswirtschaft im Zuge der ökonomischen Wandlungsprozesse tendenziell zur Konsumtionswirtschaft entwickelte.

War diese Verringerung der produktiven Tätigkeiten oder auch die relative Arbeitsersparnis durch die frühen Technisierungsprozesse mit ein Grund für die im gleichen Zeitraum auftretende Steigerung der Ansprüche an die häuslichen Standards?
Um die Belastungsstruktur der Frau in diesem Zeitraum auch nur annähernd erfassen zu können, darf auch diese Entwicklung nicht ausgeblendet werden,

---

[1] Becker 1885, zit. n. S.Meyer, Das Theater mit der Hausarbeit. Bürgerliche Repräsentation in der Familie der wilhelminischen Zeit, Frankfurt am Main/-New York 1982, S.140

[2] Otto 1876, S.15

ebensowenig wie die häusliche Arbeitsorganisation, auf die ich im letzten Abschnitt dieses ersten Kapitels eingehen werde.

1.5 Veränderung des Anspruchsniveaus an die physische und emotionale Versorgung der Familie

Bezeichnend für den bürgerlichen Haushalt im ausgehenden 19. Jahrhundert scheinen der sozialhistorischen und soziologischen Literatur zufolge nicht nur die oben aufgeführten Umstrukturierungsprozesse gewesen zu sein, sondern auch die Erhöhung der Ansprüche an Hygiene, Sauberkeit, Wohnkultur und Ernährung.

Beginnen wir mit letzterem.

"Die Bedeutung, die das gute Essen in der bürgerlichen Gesellschaft gewonnen hatte, und der Wunsch unterbürgerlicher Schichten, sich durch die Übernahme exklusiver Eßgewohnheiten den Lebensformen der Oberschicht anzugleichen, verhalfen einer speziellen Literaturgattung zu weiter Verbreitung: dem Kochbuch."[1]

Die darin erteilten Ratschläge bezogen sich in der Regel allerdings weniger auf den Konsum von teuren Lebensmitteln, vielmehr versuchten die Autorinnen in erster Linie, die Frauen in der Zubereitung von gesunden[2], schmackhaften und abwechslungsreichen Mahlzeiten, bestehend aus Fleisch und Beilagen, zu unterweisen.

Sie scheinen Erfolg gehabt zu haben: Statt der traditionellen Eintopfgerichte wurde zunehmend getrennt gekocht[3], ein Wandel der Ernährungsgewohnheiten, der von dem der Kochtechnik nicht zu trennen ist. Im Gegensatz zum großen Kessel über

---

[1] U.A.J. Becher, Geschichte des modernen Lebensstils. Essen, Wohnen, Freizeit, Reisen, München 1990, S.91

[2] Vor allem die um 1860 entstandene Profession der Ernährungswissenschaftler betonte den engen Zusammenhang zwischen Ernährung und Gesundheit bzw. Leistungsfähigkeit.

[3] Tränkle 1992, S.44

dem offenen Feuer erlaubte erst der geschlossene Herd mit mehreren Kochmulden die gleichzeitige Zubereitung verschiedener Speisen.[1]

Bei der Wäschepflege hingegen schien, die Ansprüche betreffend, zu dieser Zeit der "technische Fortschritt" noch keine Rolle zu spielen.
In diesem Bereich wurden die entsprechenden Standards, einschließlich der des Wäschegebrauchs, hochgeschraubt lange bevor die geplagten Haus- und Waschfrauen sich einer effizienten Waschmaschine bedienen konnten. Sie hatten nach Hausen "an Rigidität und Verbindlichkeit (bereits, d.V.) seit dem letzten Drittel des 19. Jahrhunderts beträchtlich zugenommen".[2]
Ursache dieser Entwicklung war die fortschreitende Seuchengefahr in den Großstädten bzw. die reale Erfahrung mit Seuchen, wie z.B. der Cholera-Epidemie in den dreißiger Jahren. Seit dieser Zeit wurde die hygienische Aufklärung der Bevölkerung verstärkt in Angriff genommen.
Von der einsetzenden "Reinlichkeitswelle" wurde zunehmend auch die Wäschepflege erfaßt. Im Zuge der in den achtziger Jahren entstehenden Mikrobenfurcht empfahlen die verschiedenen Hygienehandbücher, zwecks Desinfizierung jedes Wäschestück zu kochen und zu bügeln.
Als hygienischste Wäscheart wurde allerdings das Dämpfen der Wäsche, aufgrund der dadurch zu erreichenden hohen Temperaturen, empfohlen[3] - mit ein Grund sicherlich für die starke Verbreitung des Dampfwaschtopfes.

Betonten die im ausgehenden 19. Jahrhundert zahlreich erscheinenden Haushaltsratgeber auch die zentrale Bedeutung von Hygiene und Sauberkeit für die Wohnungspflege, so wurde sie vermutlich weniger durch gestiegene Reinlichkeitsstandards erschwert, sondern eher durch die Veränderung der Inneneinrichtung.

---

[1] Es versteht sich von selbst, daß die für das ausgehende 19.Jahrhundert charakteristische Verfeinerung des Speiseplans nicht monokausal auf die Einführung des Kochherds zurückzuführen ist, sondern selbstverständlich auch der gestiegene Lebensstandard eine zentrale Rolle spielte.

[2] Hausen 1987, S.277

[3] Vgl. Orland 1991, S.105

"Mit der Entstehung der Privatsphäre "Familie", der Verinnerlichung und Sentimentalisierung ihrer Beziehungen war die Entwicklung von Wohnkultur (...) verbunden."[1]
Die Pflege der Häuslichkeit - das Kennzeichen des bürgerlichen Familienlebens - entwickelte sich zum wesentlichen Tätigkeitsfeld der Hausfrau. Die eigenen vier Wände wurden nicht nur bewußter, sondern, auch im Zuge des gestiegenen Lebensstandards und der wachsenden Repräsentationszwänge[2], immer aufwendiger und komfortabler gestaltet. War die Wohnung bis in die fünfziger Jahre noch einfach und zweckmäßig eingerichtet, präsentierte sie sich, wie das folgende Zitat veranschaulicht, im letzten Drittel des 19. Jahrhundert völlig überladen.

"... eine erdrückende Fülle von Gegenständen, häufig dem Blick entzogen durch Behänge und Kissen, durch Decken und Tapeten, aber immer kunstvoll gearbeitet und verziert. Kein Bild ohne vergoldeten, ziselierten, ornamentierten oder gar samtüberzogenen Rahmen, keine Sitzgelegenheit ohne Polster oder Überzug, kein Stück Stoff ohne Troddeln oder Fransen, kein Stück Holz, das nicht durch die Hände des Drechslers gegangen wäre, keine Oberfläche ohne Deckchen oder irgendeinem Gegenstand darauf."[3]

Daß eine derartige Inneneinrichtung den erforderlichen Reinigungsaufwand (z.B. Abstauben) im Vergleich zu früheren Zeiten enorm erhöhte, dürfte angesichts dieser Schilderung außer Frage stehen.

Als letzten Bereich durch den die Frau in wesentlich stärkerem Maße als früher beansprucht wurde, sei hier die Pflege der binnenfamiliären Beziehungen angeschnitten.
Wurde ihr diese auch, wie in Teil II. erwähnt, bereits Ende des 18.Jahrhunderts im Rahmen des neuentstehenden Familienleitbilds ans Herz gelegt, so war damals die Ausgangsbasis noch ungünstig: Die Frau war noch viel zu sehr mit den viel-

---

[1] Rosenbaum 1990, S.305

[2] Auf den zunehmenden Zwang zur Repräsentation eines standesgemäßen Lebenstils und seine Hintergründe kann an dieser Stelle nicht eingegangen werden. Vgl. hierzu Rosenbaum 1990, S.175f.

[3] Hobsbawm 1977, zit. n. Meyer 1983, S.183

fältigen produktiven Aufgaben belastet, um sich in dem geforderten Maße der emotionalen Versorgung von Mann und Kindern widmen zu können.
Hundert Jahre später, auf der Basis der Konsumtionswirtschaft, war der notwendige Freiraum eher vorhanden. Nun konnte sie als "Seele der Familie" dem, im Zuge der Intensivierung der Erwerbsarbeit, zunehmend geforderten Mann eine "Oase der Ruhe und des Friedens" bieten und "die psychischen Belastungen der Arbeit, die seit dem Ende des 19. Jahrhunderts zunehmend spürbar wurden"[1], kompensieren.

Neben der Regeneration des Ernährers nahm vor allem die Sorge um das kindliche Wohlergehen immer mehr Raum ein.
Ausgehend von den pädagogischen und medizinischen Kampagnen Ende des 18.Jahrhunderts wurde nun Kindheit als Gegenstand bewußter und gezielter Erziehung begriffen, die sowohl die körperliche als auch die geistig-moralische Entwicklung fördern sollte.[2] Mittels der vorwiegend von Ärzten und Pädagogen herausgegebenen umfangreichen Ratgeberliteratur versuchte man, die Mutter, deren "Instinkt" allein nicht mehr den Anforderungen einer zeitgemäßen Kinderbetreuung und -erziehung zu genügen schien, zur alleinverantwortlichen Expertin auszubilden.
Kam die zunehmende Kindzentriertheit, die Intensivierung der Kindererziehung dem Kind zweifellos zugute, stellte sie als emotionale Bereicherung für die Mütter eine große Chance dar, so ist jedoch auch die Kehrseite der Medaille nicht zu vergessen: die Erhöhung des mit Kindern verbundenen, kulturell vorgeschriebenen Arbeitsaufwands. Wollte die Mutter auch nur einen Teil der Ratschläge zur angemessenen Ernährung, Kleidung, medizinischen Vorsorge und Hygiene, zur geistigen Förderung und seiner Disziplinierung: kurzum das "normative Muster "Mut-

---

[1] Radkau 1989, S.221

[2] Ist ersteres vor dem Hintergrund der hohen Säuglingssterblichkeit zu sehen, so ging die Betonung der geistigen Erziehung von dem Bildungsanspruch der Aufklärung aus, hing aber auch mit der neuen Bedeutung von Ausbildung für die soziale Position zusammen.

terliebe""[1] umsetzen, so wurde sie von der Arbeit mit Kindern ungleich mehr als zu früheren Zeiten in Anspruch genommen.

Einschränkend ist hier jedoch zu ergänzen, daß, obwohl - mitbedingt durch die Einwände der Aufklärungspädagogik gegen Ammen und Kindermädchen - viele Mütter im Laufe des 19. Jahrhunderts dazu übergingen, ihre Kinder selbst zu stillen und zu erziehen, sie immer noch selten die einzigen Erziehungspersonen waren.

"Längst nicht immer kümmerten sich bürgerliche Mütter ausschließlich selber um ihre Kinder, wie es die neuen Erziehungswissenschaften von ihnen verlangten."[2]

In wohlhabenderen Familien wurden sie nicht nur von den noch immer gefragten Ammen, sondern zusätzlich durch Kindermädchen und Erzieherin unterstützt.

Um ein endgültiges Fazit bezüglich der Arbeitsbelastung der bürgerlichen Hausfrau im ausgehenden 19. Jahrhundert ziehen zu können, wird im folgenden letzten Abschnitt auf die Rolle dieser "dienstbaren Geister" eingegangen. Welche Bedeutung hatten die Dienstboten für die bürgerliche Hauswirtschaft, wie hat sie sich eventuell im Rahmen der aufgezeigten Technisierungsprozesse verändert?

---

[1] Schütze 1986
[2] Frevert 1986, S.68

1.6 Technisierungsprozesse und häusliche Arbeitsorganisation - die Dienstbotenfrage um die Jahrhundertwende

"Eine standesgemäße bürgerliche Existenz war ohne Dienstboten nicht denkbar... Noch 1871 hatten in Berlin 17,3% aller Haushaltungen Dienstboten, in Hamburg waren es 21,6% und in Bremen sogar 24%."[1]

Hing auch die Anzahl der Dienstboten von den jeweiligen Einkommensverhältnissen ab, so war die Beschäftigung mindestens eines "Mädchens für alles" auch in schlechter verdienenden Berufsgruppen ein gesellschaftliches Muß. Während in vermögenderen Familien, die über ausreichend Personal verfügten, die Frau hauptsächlich als Hausherrin fungierte, d.h. die damit assoziierten Tätigkeiten wie Beaufsichtigen, Organisieren, Koordinieren und Kontrollieren übernahm, war ihre tatkräftige Mitarbeit im Haushalt der weniger betuchten Kreise, wie ich bereits gezeigt habe, unverzichtbar. Aufgrund des fehlenden Personals blieb ihr dort die Kindererziehung, aber auch Näharbeiten und die Weiterverarbeitung der Lebensmittel überantwortet. Die schwere Hausarbeit hingegen, die gröberen, physisch erschöpfenden Arbeiten wie z.B. Ofenputzen, Bügeln, Waschen und Scheuern verrichtete auch hier das Dienstmädchen oder die erwähnten, auf bestimmte Tätigkeiten spezialisierten Zugehfrauen.

War es also insbesondere ihre Arbeit, die durch die industrielle Warenproduktion und die technischen Innovationen wie Streichholz, Petroleumlampe und Kochmaschine, Gasglühlicht und Gasherd, Nähmaschine und die vielfältigen Errungenschaften im Bereich der Wäschepflege erleichtert wurde?

Oder trugen diese Entwicklungen eher dazu bei, die Arbeitskraft der Dienstboten zu ersetzen, reduzierten sie so deren strukturelle Bedeutung für die bürgerliche Haushaltsführung?

Der Wunsch zumindest, sich mittels Technik von "fremder Hilfe" zu befreien, wurde in diesem Zeitraum wohl häufiger artikuliert. Beispielsweise 1876 von der "technikfreudigen" Louise Otto:

---

[1] Ebd.

"Wer weiß, kommen nicht bald neue Apparate die Kocharbeit den Frauen immer bequemer und einfacher und ästhetischer zu machen und - immer mehr aufzuheben und damit die Nothwendigkeit gesundheitswidrige, anstrengende, mühevolle und unästhetische Arbeit zu verrichten - oder auch es dadurch, selbst der verwöhnten Dame leicht zu machen, ohne Dienstmädchen die eigne kleine Haushaltung zu besorgen und dadurch so viel billiger und ruhiger zu leben, als dies möglich ist mit fremder Hilfe, - denn eben das durch die Welt Kommen und überall fertig werden Können ohne fremde Hilfe zu bedürfen, ist auch nur ein erstrebenswerthes Ziel und die Grundlage der wahren Emancipation."[1]

Die Vorteile der Maschinen gegenüber den Dienstmädchen und Zugehfrauen wurden auch in den USA sehr früh betont. Im folgenden Beispiel ist es die Nähmaschine, die im Ottoschen Sinne bereits 1864 als "Emancipationsmittel" gelobt wurde. "Sie plaudert nie Familiengeheimnisse aus, benimmt sich stets sehr bescheiden und anständig und erträgt die größten Anstrengungen ohne Erschöpfung."[2]

Solche, unbedingt auch im Zusammenhang mit der bürgerlichen Familienideologie - "derzufolge die Geschlossenheit des intimen Familienlebens die Dienstboten als aufdringliche Fremde nicht mehr duldete" - zu sehenden, Seitenhiebe nahmen Recherchen Weismans zufolge seit den siebziger Jahren erstaunlich zu.

In den von ihr untersuchten Familien- bzw. Frauenzeitschriften mehrten sich seit dieser Zeit die Artikel und Leser/innenbriefe, die sich mit dem Mangel an billigem und gleichzeitig qualifiziertem Personal beschäftigten.[3]

Einen vorläufigen Höhepunkt schien die Debatte um die Jahrhundertwende erreicht zu haben, wo sie vor allem in der Presse als "Dienstbotenfrage" intensiv geführt wurde.

---

[1] Otto 1876, S.33

[2] Daul 1864, zit. n. A. Hülsenbeck, Nähen und Schneidern - Frauenarbeit und Männerarbeit. Ein Beitrag zur Geschichte der geschlechtsspezifischen Arbeitsteilung, in: U. Aumüller-Roske, Frauenleben, Frauenbilder, Frauengeschichte, Pfaffenweiler 1988, S.67

[3] Vgl. A. Weismann, Froh erfülle deine Pflicht: die Entwicklung des modernen Hausfrauenleitbildes im Spiegel trivialer Massenmedien in der Zeit zwischen Reichsgründung und Weltwirtschaftskrise, Berlin 1988, S.78f.

Für den nach der Jahrhundertmitte langsam einsetzenden, aber stetigen Rückgang der im Haushalt lebenden Dienstboten[1] war aber nicht nur die zunehmende Unzufriedenheit der Arbeitgeber verantwortlich. Ihrem Emanzipationsbedürfnis entsprach, ermöglicht durch die Industrialisierung, ein ebensolches auf der Angebotsseite: Mit der Entstehung alternativer, sowohl in arbeitsrechtlicher als auch in sozialgesetzlicher Hinsicht besserer Arbeitsmöglichkeiten für Frauen, verlor der häusliche Dienst, der bis 1918 durch die feudalistisch anmutende Gesindeordnung geregelt wurde, an Bedeutung. Viele zogen eine Beschäftigung in der Industrie oder, wenn möglich, in Verkehr und Handel vor.[2]

Kommen wir nun zur letzten möglichen Ursache für den sich abzeichnenden Dienstbotenrückgang:

"Durch Einschränkung der Arbeitsfunktionen im Haus, durch Industrialisierung und technische Entwicklung befand sich das häusliche Personal in einer rückläufigen Bewegung."[3]

Sicherlich ist Engelsing ohne Frage darin zuzustimmen, daß sowohl der Wechsel in der Form der Nahrungsmittelbeschaffung als auch die häuslichen Mechanisierungsprozesse viele Tätigkeiten vereinfacht oder reduziert haben. Evident ist ebenso, daß in manchen Fällen die Entwicklung direkt zum "Stellenabbau" führte: beispielsweise wurde die Arbeit der Schneiderin und der Scheuerfrau ausgelagert bzw. von einer Maschine übernommen.

Zweifelsohne wurde die Hausarbeit erleichtert im ausgehenden 19. Jahrhundert; ob sie allerdings durch Technisierungsprozesse so erleichtert wurde, daß selbst das "Mädchen für Alles", das trotz aller bürgerlichen Emanzipationsbedürfnisse doch auch noch immer Beweis einer standesgemäßen Lebensführung war, überflüssig wurde, erscheint mir fraglich.

---

[1] Ebd., S.43 u. S.51
[2] Vgl. R. Engelsing, Zur Sozialgeschichte deutscher Mittel- und Unterschichten, 2., erw. Aufl., Göttingen 1978, S.235f.
[3] Ebd., S.234

Die entsprechende Argumentation scheint allzuoft den Fortschritt durch die Technisierung zu überschätzen, d.h. konkret den Zeitpunkt der Entdeckung der neuen Energieträger mit ihrer Anwendung im Haushalt gleichzusetzen.
Während sich im Beobachtungszeitraum noch nicht einmal Gas zu Beleuchtungs- und Wärmezwecken als einzige Energiequelle breitenwirksam durchgesetzt hat, identifiziert Engelsing bereits die Elektrizität bzw. den durch sie verringerten Arbeitsaufwand als eine Ursache des Dienstbotenrückgangs.[1] In dieser Phase wurde jedoch, wie ich dargestellt habe, die Haushaltselektrifizierung noch nicht einmal in Angriff genommen.

Neben dieser fehlerhaften Darstellung der Haushaltstechnisierung wird das Bild zudem durch eine eindimensionale Betrachtung der Hausarbeit verzerrt. Gesehen werden nur die Verbesserungen hinsichtlich der produktiven Funktionen, vernachlässigt wird dagegen der geforderte Mehraufwand durch die gestiegenen Ansprüche an Hygiene, Sauberkeit, Ernährung, Wohnkultur und insbesondere Kindererziehung.
Die Hauswirtschaft wurde zwar nachhaltig umstrukturiert, jedoch auf mehreren Ebenen und nicht nur in eine arbeitssparende Richtung.
Realistisch erscheint mir daher Gerhards Fazit, die zwar die Erleichterung durch den Kauf von Fertigprodukten und technischen Neuerungen betont, aber dennoch zu dem Ergebnis kommt, daß "die Mehrheit der sogenannten bürgerlichen Hausfrauen in der Folge der industriellen Revolution nicht weniger zu tun (hatte,d.V.) als vorher, sondern anderes. D.h. ihre Tätigkeit ist nicht durch Funktionsverlust, sondern durch einen Funktionswandel gekennzeichnet."[2]

Nur vor diesem Hintergrund sind auch die nach der Jahrhundertwende einsetzenden Klagen der überforderten selbstwirtschaftenden Hausfrau, Auswirkungen der "Dienstbotenfrage", zu verstehen.

---

[1] Ebd.

[2] U.Gerhard, Verhältnisse und Verhinderungen. Frauenarbeit, Familie und Rechte der Frauen im 19.Jahrhundert, 2.Aufl. 1981, S.65

Im folgenden Kapitel, der zweiten Technisierungsphase, werde ich mich, ausgehend von der Hypothese, daß die Haushaltselektrifizierung eher die Folge des Dienstbotenrückgangs als seine Ursache darstellte, mit den Lösungsversuchen für das Problem des "dienstbotenlosen Haushalts" befassen.

Konnte eine weiterentwickelte externe und interne Technisierung im ersten Drittel des 20.Jahrhunderts bereits Abhilfe schaffen? Oder mußten in Anlehnung an die USA der sechziger Jahre des vergangenen Jahrhunderts vorerst andere Wege - über eine Veränderung der Arbeitsmethoden - beschritten werden?

2. Die selbstwirtschaftende Hausfrau im ersten Drittel des 20. Jahrhunderts: Reduktion ihrer Überforderung durch umfassende Haushaltstechnisierung oder arbeitsorganisatorische Verbesserungen?

Bevor ich auf die verschiedenen "Problemlösungen", von denen die technische gemäß der Zielsetzung dieser Arbeit im Mittelpunkt stehen wird, eingehen werde, ist es notwendig, die Situation der Hausfrauen in diesem Zeitraum näher zu umreißen.

Wie in dem folgenden kurzen Überblick gezeigt werden soll, haben sich, die Entwicklung vom ausgehenden 19. Jahrhundert fortsetzend, nicht nur die Arbeitsinhalte - der Abnahme produktiver Funktionen folgte eine Zunahme reproduktiver -, sondern auch insbesondere die soziale Arbeitsorganisation und damit die Belastungsstruktur der bürgerlichen Hausfrau entscheidend verändert.

2.1 Arbeitssituation der bürgerlichen Hausfrau von der Jahrhundertwende bis in die zwanziger Jahre

Die im 19. Jahrhundert existierende Form der häuslichen Arbeitsorganisation, nach der "die Hausarbeit ... in den wohlhabenderen Schichten in aller Regel von mindestens zwei Frauen verrichtet (wurde, d.V.), der Hausherrin und dem Dienstmädchen"[1], wurde im ersten Drittel des 20.Jahrhunderts grundlegend umstrukturiert: Die Tätigkeiten beider Frauen wurden in einer, nämlich der Hausfrauenrolle, zusammengeschmolzen.

Dieser sich nach der Jahrhundertwende, mitbedingt auch durch die sich verschlechternde wirtschaftliche Situation des Mittelstandes, anbahnende Übergang von der Hausherrin zur selbstwirtschaftenden Hausfrau vollzog sich erwartungsgemäß nicht ohne große Umstellungsschwierigkeiten.

Bereits in der ersten Dekade, in der der Bedarf an hauswirtschaftlichen Arbeitskräften im Gegensatz zu früher weniger über im Haus lebende Dienstboten, sondern "mehr und mehr durch Tages- bzw. Stundenkräfte oder anderweitig ge-

---

[1] M.S.Rerrich, Balanceakt Familie: Zwischen alten Leitbildern und neuen Lebensformen, 2., aktualisierte Aufl., Freiburg im Breisgau 1990, S.66

deckt wurde"¹, begannen die Frauen, insbesondere in den zeitgenössischen Frauenzeitschriften, ihre Unzufriedenheit mit der neuen Rolle zu artikulieren. Als belastend wurde nicht nur das Endlose, Monotone, "Geisttötende" und Entwürdigende der ehemaligen Dienstmädchenarbeit empfunden, sondern auch die zunehmende Entwertung der Hausarbeit, die in dem Moment einzusetzen schien, als sie nicht mehr in einem komplexen Wirtschaftsbetrieb verrichtet wurde.²
Zu diesen Verschlechterungen kam für viele Frauen aus dem Mittelstand eine weitere gänzlich neue Belastung: Die im Zuge der zunehmend verbreiteten ökonomischen Existenzunsicherheit auftauchende Verpflichtung, durch einen Nebenerwerb mit zum Familienunterhalt beizutragen.

Bis zum Ersten Weltkrieg schienen, wie die darzustellenden Lösungsversuche zeigen, die von den Hausfrauen formulierten Klagen nur von der Frauenbewegung wahrgenommen worden zu sein. Angetreten in der zweiten Hälfte des 19. Jahrhunderts insbesondere mit dem Ziel, unverheirateten Bürgertöchtern den Zugang zu "weiblichen" Berufsfeldern zu öffnen, sah sich die zweite Generation der bürgerlichen Frauenbewegung um die Jahrhundertwende einerseits mit der Erwerbstätigkeit verheirateter Frauen und ihrer Überforderung, andererseits aber auch mit dem Problem des Anerkennungsvakuums der Hausfrauen konfrontiert.
War man sich auch einig, daß eine Problemlösung in beiden Fällen nur über eine Reform der Hauswirtschaft erreicht werden könne, wurde die Gestaltung dieser, entsprechend der Bewertung der Berufstätigkeit von Ehefrauen, kontrovers diskutiert.
Während die einen die Frauen von der Hausarbeit befreien wollten, um ihr die Berufsarbeit als Emanzipationsvoraussetzung zu ermöglichen, wollten die anderen die Frau in ihrem "ureigenen" Bereich belassen, diesen bzw. die Hausarbeit aber mit der Berufsarbeit gleichgestellt sehen.

---

[1] Weismann 1988, S.70

[2] Vgl. ebd., S.270

Als wohl erster relevanter, äußerst umstrittener Reformversuch kann das sogenannte Einküchenhaus-Modell gelten, das die Zentralisierung der (genossenschaftlich organisierten und technisierten) Hausarbeit im Großhaushalt vorsah. An die Urväter der Einküchenhausbewegung, die Sozialisten Owen und Fourier, anknüpfend, brachte die, bis 1896 der bürgerlichen Frauenbewegung angehörende, Sozialdemokratin Lily Braun ihre Konzeption erstmals 1897 auf dem Arbeitsschutzkongreß ein und beschrieb sie in ihrer 1901 erschienenen Schrift "Frauenarbeit und Hauswirtschaft" folgendermaßen:

"In einem Häuserkomplex ... befinden sich etwa 50-60 Wohnungen, von denen keine eine Küche enthält; nur in einem kleinen Raum befindet sich ein Gaskocher, der für Krankheitszwecke oder zur Wartung kleiner Kinder benutzt werden kann. An Stelle der 50-60 Küchen, in denen eine gleiche Zahl Frauen zu wirtschaften pflegt, tritt eine im Erdgeschoß befindliche Zentralküche, die mit allen modernen arbeitssparenden Maschinen ausgestaltet ist. Gibt es doch schon Abwaschmaschinen, die in drei Minuten zwanzig Dutzend Teller und Schüsseln reinigen und abtrocknen! Vorrathsraum und Waschküche, die gleichfalls selbstthätige Waschmaschinen enthält, liegen in der Nähe..."[1]

Die Frau sollte jedoch nach Brauns Vorstellungen nicht nur weitgehend von der materiellen Hausarbeit, von "Kochherd und Waschfaß"[2] befreit werden[3], sondern auch bei der Beschäftigung mit den Kindern sollte sie entsprechend entlastet werden.

"Während der Arbeitszeit der Mütter spielen die Kinder, sei es im Saal, sei es im Garten, wo Turngeräthe und Sandhaufen allen Altersklassen Beschäftigung bieten, unter der Aufsicht der Wärterin."[4]

---

[1] L. Braun, Frauenarbeit und Hauswirtschaft, Berlin 1901, S.21

[2] Ebd., S.27

[3] Bemerkenswert waren die großen Hoffnungen, die Braun bereits zu diesem Zeitpunkt auf die Haushaltstechnik setzte. Wie in Abschnitt 2.3 auszuführen ist, fehlten für die Realisierung ihrer Vorschläge jedoch sämtliche Voraussetzungen.

[4] Braun 1901, S.22

Nur so, also über das Delegieren hausfraulicher und mütterlicher Aufgaben, konnte der Frau die Teilnahme am sozialen Leben und am Arbeitsmarkt, die ökonomische Unabhängigkeit, die für Braun die elementare Vorbedingung der Emanzipation der Frau war, ermöglicht werden.
Daß diese Vorstellungen von der entindividualisierten Hausarbeit und der dadurch erleichterten weiblichen Erwerbsarbeit dem Ideal vom bürgerlichen Familienleben diametral entgegengesetzt waren und von daher in der Öffentlichkeit kaum Anklang fanden, verwundert wenig.[1]
Aber selbst in der Frauenbewegung fand das Einküchenhaus-Modell - analog zum Grad der Erwünschtheit der weiblichen Erwerbsarbeit - nur beim linken Flügel Beifall. Auf dem 1912 vom "Bund Deutscher Frauenvereine" (BDF) veranstalteten Frauenkongreß "Hauswirtschaft und Frauenfrage" wurde jede Art von genossenschaftlicher Haushaltsorganisation - vor allem mit dem Hinweis auf die so nicht zu befriedigenden, gestiegenen emotionalen Ansprüche - mehrheitlich abgelehnt.[2]
Ebenso der von Käthe Schirmacher eingebrachte Vorschlag "Lohn für Hausarbeit": Eine Zahlungsverpflichtung des Ehemannes hielten die meisten Frauenrechtlerinnen für unvereinbar mit der "Auffassung der Ehe eines auf Kameradschaftlichkeit gegründeten Bundes zweier Lebensgefährten"[3]. Allgemein als notwendig erachtet wurde jedoch die darin zum Ausdruck kommende Forderung nach einer Neubewertung der Hausarbeit, nach ihrer rechtlichen und sozialen Anerkennung, die, so ein Resultat der Debatte, nur über die Organisierung der Hausfrauen nach dem Berufsprinzip und ihre Ausbildung zu erreichen war.

---

[1] Bezüglich der Darstellung der Realisierungsversuche des Modells und der Hintergründe seines endgültigen Scheiterns muß auf entsprechende Literatur verwiesen werden. Vgl. insbesondere G. Uhlig, Kollektivmodell "Einküchenhaus". Wohnreform und Architekturdebatte zwischen Frauenbewegung und Funktionalismus 1900-1933, Gießen 1981

[2] Der Verlauf der Debatten bzw. die verschiedenen darin zum Ausdruck kommenden Positionen finden sich ausführlich geschildert bei H. Schmidt-Waldherr, Emanzipation durch Professionalisierung? Politische Strategien und Konflikte innerhalb der bürgerlichen Frauenbewegung während der Weimarer Republik und die Reaktion des bürgerlichen Antifeminismus und des Nationalsozialismus, Frankfurt am Main 1987, S.163f.

[3] Marianne Weber 1912, zit. n. Schmidt-Waldherr 1987, S.166

Mit der aus dem BDF heraus erfolgten Gründung des "Reichsverbandes Deutscher Hausfrauenvereine" (RDH) wurde drei Jahre nach diesem richtungsweisenden Kongreß der Frauenbewegung eine Institution geschaffen, die nicht nur "organisiertes hausfrauliches Selbstbewußtsein"[1] repräsentieren sollte, sondern die, anknüpfend an die Zielsetzung Beechers 1849, die Verwissenschaftlichung und Professionalisierung der Hausarbeit vorantreiben wollte. In den Kriegsjahren in ihrem Betätigungsfeld eher auf Beratung über eine möglichst sparsame Haushaltsführung beschränkt, konnte sie ihre Zielvorstellungen in den zwanziger Jahren popularisieren, in der Hoch-Zeit der Rationalisierungsbewegung, in der sie als ein tragender Pfeiler fungierte (vgl. Abschnitt 2.2).

Ein über die Frauenbewegung hinausgehendes Problembewußtsein bezüglich der Bedeutung der Hausarbeit, insbesondere auch ihre volkswirtschaftliche Wertschätzung, wurde offenbar erst durch den Ersten Weltkrieg in Gang gesetzt, der die Belastungsfähigkeit der Hausfrauen auf eine harte Probe stellte. Die Leistungen der "multifunktionalen Kriegshausfrau"[2], die häufig zu der, unter extrem erschwerten Bedingungen zu verrichtenden, Hausarbeit eine Erwerbstätigkeit aufnehmen mußten, wurden nun erstmals auch von wirtschaftswissenschaftlicher Seite hervorgehoben. So in dem 1916 erschienenen Buch "Die Frau und die Volkswirtschaft", in dem der Autor Wygodzinski die Bedeutung der produktiven und konsumtiven Aspekte der Hausarbeit für die Volkswirtschaft herausstreicht.[3]

Konnte die Überlastung der Hausfrau in der unmittelbaren Kriegssituation noch als Ausnahmesituation relativiert werden, so war man in den zwanziger Jahren, in denen sich die "Hauswirtschaftsfrage" immer mehr zuspitzte, genötigt, nach Wegen aus der ""Depression so vieler Hausfrauen", die durch die Zeitverhältnisse gezwungen sind, alle Arbeit im Hause heute allein zu tun..."[4] zu suchen.

---

[1] Orland 1991, S.193

[2] Weismann 1988, S.121

[3] Vgl. ebd., S.119

[4] Weismann 1988, S.135

Zunehmend belastend wirkte nicht nur die Alleinverantwortlichkeit und der "erweiterte und vertiefte Aufgabenkreis", von der Frauenrechtlerin Agnes von Zahn-Harnack so eindrücklich geschildert[1], sondern zusätzlich der anhaltende Zwang zur Erwerbsarbeit.

Trotz der gesellschaftlichen Ablehnung der Ehefrauen- und Müttererwerbstätigkeit - legitim war sie nur als vorübergehender Notbehelf - und dem konjunkturell bedingten Wechsel zwischen ihrer Förderung und ihrer Bekämpfung schien sie in den zwanziger Jahren insgesamt gestiegen zu sein.

"Waren bereits 1925, einem konjunkturell günstigen Jahr, fast 29% aller Ehefrauen vollzeiterwerbstätig, zwang die Wirtschaftskrise wahrscheinlich - Gesamtstatistiken liegen hierzu nicht vor - noch mehr verheiratete Frauen und Mütter, eine bezahlte Arbeit aufzunehmen."[2]

Ob berufstätig oder nicht, überfordert schien die "nervöse und gehetzte" Hausfrau[3] in der Weimarer Republik in jedem Fall zu sein. Dies und die daraus vermeintlich resultierende Gefährdung des Familienlebens soll die folgende Beschreibung von Erna Meyer, eine der Hauptfiguren der Hausfrauenbewegung, abschließend belegen.

"Sei es, daß die Hausfrau und Mutter selbst eine Erwerbstätigkeit übernehmen mußte, um ihre Familie zu erhalten, und dadurch in die Zwangslage kam, mit einem Bruchteil der bisher aufgewendeten Arbeit im Hause ausreichen zu müssen, sei es, daß sie ohne jede Hilfe auskommen mußte, wo sie sich früher Angestellte oder doch stundenweise bezahlte Hilfsarbeit hatte leisten können. Ihre sehr viel stärkere Inanspruchnahme stellte nicht nur an ihre körperliche,

---

[1] Vgl. A. von Zahn-Harnack, Die arbeitende Frau, Breslau 1924. Im Kapitel "Die Hausfrau" beschreibt sie anschaulich, warum die zeitgenössischen Hausfrauen höheren Anforderungen ausgesetzt waren, als die Ende des 19.Jahrhunderts.

[2] Frevert 1986, S.189. Obwohl evident war, daß die Berufstätigkeit der Mehrzahl dieser Frauen finanziell bedingt war, wurde sie von vielen Zeitgenossen im Zusammenhang mit den steigenden Scheidungs- und Abtreibungszahlen sowie der sinkenden Geburtenrate als "familienfeindliche Emanzipationsbestrebungen" eingestuft. Vgl. ebd., S.181f.

[3] Nach Weismans Recherchen wurde sie seit Anfang der zwanziger Jahre in den Frauenzeitschriften als negatives Leitbild gezeichnet. Vgl. S.99

sondern auch an ihre geistige Leistungsfähigkeit ständig wachsende Ansprüche, und aus diesen ging in den allermeisten Fällen - Ausnahmen bestätigen das nur - ein körperliches und geistiges Versagen hervor, das in einer Skala von nervöser Reizbarkeit bis zu völligem seelischen Zusammenbruch oder tiefster Abstumpfung die Reihen der Frauen durchlief und manches beitrug zu Mißerfolgen in der Erziehung und zu der Zerrüttung des Familienlebens überhaupt."[1]

Die Situation der Hausfrau wurde in den zwanziger Jahren nicht mehr nur von der Frauenbewegung als verbesserungswürdig angesehen.
Welche Wege ging man, um ihre Überlastung zu reduzieren, um den dafür mitverantwortlichen Strukturwandel der Hauswirtschaft (von der Hausherrin zur Hausfrau) aufzufangen? Wurde der Verlust der Dienstboten nach amerikanischem Vorbild zuerst durch eine Verbesserung der Organisation, durch rationellere Arbeitsmethoden aufzufangen gesucht oder durften die Frauen bereits auf Fortschritte in der Haushaltselektrifizierung hoffen?

2.2 "Der neue Haushalt" - Die Rationalisierungsbewegung in der Weimarer Republik

In den zwanziger Jahren schienen sich alle an der Debatte um eine Hauswirtschaftsreform Beteiligten, insbesondere Architekt/inn/en und Frauenrechtlerinnen, über den Ansatzpunkt einig. Nach den gescheiterten Vorstößen in Richtung einer Kollektivierung der Hausarbeit lautete nun das Gebot der Stunde: Rationalisierung des Einzelhaushalts! Oberstes Ziel war, zu erforschen, "wie sich die Arbeit der Hausfrau einfacher, rationeller, zeit- und kräftesparender gestalten läßt."[2]

Die aus den USA importierten Ideen zu einer Rationalisierung des Haushalts sind in einem umfassenden zeit- und technikgeschichtlichen Zusammenhang zu sehen. Tauchte das Wort "Rationalisierung", bezogen auf die Leistungsoptimierung in der

---

[1] Meyer 1928, zit. n. Weismann 1988, S.133
[2] Von Zahn-Harnack 1924, S.89

Erwerbsarbeit, bereits Anfang des Jahrhunderts in der Diskussion auf, so entfaltete es seine volle Wirkkraft in der Weimarer Republik.

"Die Rationalisierungsprozesse der zwanziger Jahre, damals fortwährend mit amerikanischen Vorbildern begründet, wurden als der bis dahin stärkste Amerikanisierungsschub wahrgenommen. Wie nie zuvor gab es Anlaß, die Frage leidenschaftlich zu erörtern, ob amerikanische Produktions- und Lebensstile auf Deutschland übertragen und den deutschen Bedingungen entsprechend modifiziert werden könnten oder scharf abzulehnen seien."[1]

Was die Rationalisierung des Haushalts betrifft, so hat Amerika zweifellos als Vorbild fungiert.

"Unsere Haushaltsführung ist in Grund und Boden unrationell... Auf all diese Dinge sind wir von Amerika aus schon oft aufmerksam gemacht worden, das uns die Anwendung des Taylorsystems auf die Haushaltsführung empfiehlt."[2]

So Agnes von Zahn-Harnack drei Jahre nach Erscheinen der deutschen Ausgabe von Christine Fredericks "The New Housekeeping. Efficiency Studies in Home Management"[3], deren zentrales Anliegen es war, die Hausfrau zu befähigen, die von F.W. Taylor für die Industrie entworfenen Prinzipien der wissenschaftlichen Betriebsführung - Zeit-, Kraft- und Materialersparnis - auch im Haushalt anzuwenden.
Wie sollte das konkret aussehen? Mit welchen Mitteln sollte rationalisiert werden?

Die Rationalisierungsbestrebungen setzten an drei Ebenen an: Bei den Arbeitsmitteln, der Arbeitsorganisation und, nach Giedion zu urteilen, entwicklungsgeschichtlich zuerst bei der Arbeitsstätte.

---

[1] Radkau 1989, S.270

[2] Von Zahn-Harnack 1924, S.90

[3] New York 1913. Übersetzt von der sozialdemokratischen Reichstagsabgeordneten Irene Witte: Die rationelle Haushaltsführung. Betriebswissenschaftliche Studien, 2. Aufl., Berlin 1921

"Der Ausgangspunkt für die Organisierung des Haushalts ist in Europa anderswo zu suchen: in der neuen Architekturbewegung."[1] Tatsächlich gingen von der, im Zusammenhang mit der Wohnungsnot nach dem Ersten Weltkrieg stehenden, Strömung des "Neuen Bauens" wegweisende Impulse für die angestrebte Reform der Hauswirtschaft aus: Exponierte Vertreter/innen der neuen Architekturrichtung wie Gropius, Lihotzky und Taut wollten die für den Siedlungs- und Wohnungsbau entworfenen Rationalisierungsideen auch auf die Innenarchitektur übertragen und dementsprechend die gesamte Wohnungseinrichtung an Kriterien wie Funktionalität, Klarheit und Sachlichkeit orientieren. "Die Neue Wohnung", so der Titel des 1924 erschienenen Buchs von Bruno Taut, sollte frei sein von allem Überflüssigen, von jedem nur der Zierde dienendem Einrichtungsgegenstand, der die Arbeitskraft der Frau unnötig beansprucht.[2] Nur indem es ihr gelänge, sich vom, seit dem ausgehenden 19. Jahrhundert betriebenen, "Fetischismus der Gegenstände" zu befreien und mit den alten Einrichtungstraditionen radikal zu brechen, könnte sie wieder zu mehr Arbeitsfreude gelangen und so über die Zunahme an Zeit und Muße endlich "schöpferisch werden"[3].
Vollständig befreit, so Taut, sollte sie jedoch erst sein, "wenn sie von der Sklaverei der Küche erlöst ist"[4]. Als sogenannte Fabrik des Hauses bildete sie den Kernpunkt aller Verbesserungsvorschläge. Aus den zahlreichen Entwürfen, die sich mit ihrer Neuorganisation - weg von der großen Wohn- und Eßküche mit ihrer "zusammengewürfelten" Einrichtung zur kleinen, kompakten Kochküche - befaßten, machte vor allem einer Geschichte: die 1926 von Grete Lihotzky anhand von Zeit- und Bewegungsstudien entworfene, alle Elemente zu einer Einheit integrierende, daher äußerst "wegesparende" Frankfurter Küche[5], die als direkte Vorläuferin unserer heutigen Einbauküche gilt.

---

[1] Giedion 1987, S.570

[2] Vgl. B. Taut, Die Neue Wohnung. Die Frau als Schöpferin, 2. Aufl., Leipzig 1924, S.70

[3] Ebd., S.95

[4] Taut 1927, zit. n. Scheid 1986, S.57

[5] Vgl. J. Krause, Die Frankfurter Küche, in: Andritzky 1992

Abb. 8: Arbeitsgemeinschaft Hauswirtschaft e.V./
Stiftung Verbraucherinstitut 1990, S.68

Während die neue zweckrationale, erste vollständig eingerichtete Küche sehr schnell, zumindest an ihrem Entstehungsort, Anwendung fand - in Neubauten wurde sie noch in den zwanziger Jahren serienmäßig eingebaut -, haben die übrigen innenarchitektonischen Rationalisierungsvorschläge nach Lihotzkys Einschätzung kaum etwas genützt:

> "Kommen wir in die Wohnungen, so finden wir noch immer den alten Tand und die üble übliche "Dekoration". Daß alle diese Bemühungen praktisch so wenig Erfolg hattten, liegt in der Hauptsache an den Frauen, die merkwürdigerweise den neuen Ideen wenig zugänglich sind...Die Frauen nehmen lieber alle Mehrarbeit auf sich, um ein "trauliches und gemütliches" Heim zu haben.

Einfachheit und Zweckmäßigkeit hält die Mehrzahl heute noch für gleichbedeutend mit Nüchternheit."[1]

Stieß die Forderung nach Rationalisierung der Arbeitsmethoden, der zweite Ansatzpunkt der Bewegung, auf weniger Widerstand? War sie eher mit dem zeitgenössischen Haushaltsführungsideal zu vereinbaren als die nach Rationalisierung der hausfraulichen Wirkungsstätte?

Nimmt man die unvorstellbare Popularität des 1926 von Erna Meyer herausgegebenen, nicht nur dem Titel nach mit Fredericks Ausführungen zu vergleichenden, Buches "Der neue Haushalt. Ein Wegweiser zu wirtschaftlicher Haushaltsführung" als Indiz, so muß man die Frage bejahen: Innerhalb eines Jahres erreichte es dreißig und insgesamt vierzig Auflagen.

Obwohl auch Meyer die arbeitserleichternde Bedeutung der funktional eingerichteten Wohnung betont, geht es ihr jedoch vor allem um die Effektivierung der Arbeitsorganisation, um die "Selbst-Erziehungsarbeit"[2] als zentrales Ziel. In ihrem Zehn-Punkte-Programm der wirtschaftlichen Haushaltsführung schildert sie detailliert, wie man durch mehr Ordnung und insbesondere durch minutiöse Arbeitsplanung Zeit, Kraft und Wege sparen kann.

Die so optimierte Arbeitsweise kann dann sogar den Mangel an maschineller Technik kompensieren bzw. muß etabliert sein, wenn diese in den Haushalt einzieht.

"Denn die Benutzung von Maschinen muß heute, so wünschenswert sie in gewissem Sinne sein mag, für die Masse noch als Zukunftstraum angesehen werden. Denn nur wenige vermögen sie zu erschwingen, und die Verwendung in großen Gemeinschaftsanlagen oder der Einbau in neuen Häusern beginnt eben erst in schwachen Anfängen... so müssen wir Frauen doch längst vor Verwirklichung solcher Ziele die innere Umstellung der Hausführung durch die Erziehungsarbeit an uns selbst erreicht haben. Durch Vereinfachung des ganzen Hausgetriebes vor allem müssen wir dafür sorgen, daß die Maschinen,

---

[1] G. Lihotzky, Rationalisierung im Haushalt, in: Das Neue Frankfurt, 1.Jg. 1926/27, Heft 5, S.121

[2] E. Meyer, Der neue Haushalt. Ein Wegweiser zu wirtschaftlicher Haushaltsführung, Stuttgart 1926, S.5

wenn sie uns einmal beschert werden, nur noch möglichst wenig zu tun finden ..."[1]

Gemeint sind hier natürlich die elektrisch angetriebenen Maschinen. Auf die Elektrizität bzw. auf die Ausdehnung ihres bis dahin dominierenden Anwendungsbereichs, der Beleuchtung, setzte Meyer große Hoffnungen. Da sie nicht nur als Wärmespender, sondern - ihr entscheidender Vorteil gegenüber dem Gas - auch als Antriebsenergie eingesetzt werden kann, ist sie "zweifellos berufen, in der zukünftigen kraft- und zeitsparenden Hausführung die erste Rolle zu spielen."[2] Beschreibt Meyer auch anhand der gasbeheizten Haushaltsgeräte[3] die enorme Erleichterung durch den Einzug von Gas, das "heute ohne Zweifel die Hauptrolle in der Küche"[4] spielt, betont sie auch die "Dankbarkeit gegen das Gas"[5], enden ihre technischen Ausführungen doch mit einer Hommage an die gefahrlose, saubere und äußerst bedienungsfreundliche Elektrizität.

Herbeigesehnt von den rationalisierungsbewegten Zeitgenoss/inn/en konnte die Technisierung des Haushalts, die sich in den Konzepten jener Zeit vor allem mit Elektrifizierung verband, die Lösung für die Hauswirtschaftsfrage in den zwanziger Jahren allerdings noch nicht bringen.[6] Vorerst bot sich der über die Verbesserung der Arbeitsorganisation führende Weg, da voraussetzungsfreier realisierbar, als der erfolgversprechendere an.

---

[1] Ebd., S.4

[2] Ebd., S.55

[3] Z.B. die technisch verbesserten und immer pflegeleichteren Gasherde. "So weisen die neuesten Typen bereits keinerlei zu putzende Metallteile mehr auf, da an den besseren Herden nur noch Nickel und Emaille verwendet werden; auch die schon fast überall vorhandenen seitlichen Abstellroste für heiße Töpfe und das Fach zum Tellerwärmen bedeuten eine Annehmlichkeit für die kochende Frau." S.48

[4] Ebd., S.43

[5] Ebd., S.55

[6] Anhand technikgeschichtlicher Literatur werde ich mich im nächsten Abschnitt mit den dafür maßgeblichen Gründen auseinandersetzen.

Mit ihm sollte die Hausarbeit prinzipiell von jeder Frau auch ohne menschliche oder technische Hilfen, und wenn unbedingt erforderlich sogar trotz eines Nebenerwerbs zu bewältigen sein. So leicht, daß daraus sogar ein "Gefühlsgewinn" entstehen könnte: "Allein die Planmäßigkeit in der Haushaltsführung macht die Mutter und Gattin frei für die Gemütswerte des Familienlebens..."[1]
Die Rationalisierung und Professionalisierung galt aber nicht nur, aufgrund dieses Entlastungs- bzw. Freisetzungseffekts, als "Heilmittel" für die "gefährdete" Familie, sondern auch für das "angeknackste" Selbstbewußtsein der Hausfrauen. Zum Beruf aufgewertet und dadurch akzeptabler, sollte die Hausarbeit den Frauen wieder größere Identifikationsmöglichkeiten bieten und sie so letztendlich an ihre "vornehmsten Pflichten" zurückbinden.

Wurde von den über eine Reform der Hauswirtschaft nachsinnenden Interessengruppen auch, notgedrungen, der Weg über die Arbeitsweise als der "Königsweg" aus der Hauswirtschaftsfrage gepriesen, die Technisierung respektive Elektrifizierung wurde fast immer mitbedacht bzw. wie bei Meyer sichtbar geradezu sehnsüchtig erhofft.

"Das aber kann nicht geleugnet werden: unsere Sehnsucht gehört der Elektrizität! Möge die Industrie sie zu nutzen verstehen und alles tun, damit in recht naher Zeit an Verwirklichung unserer Träume gedacht werden kann!"[2]

Konnte die Industrie, genauer die Elektroindustrie und die Elektrizitätsversorgungsunternehmen (EVU), diesen Wunsch noch in den rationalisierungsbewegten Zwanzigern erfüllen?

---

[1] Siemens-Mitteilungen 1930, zit. n. C. Sachse, Anfänge der Rationalisierung der Hausarbeit in der Weimarer Republik, in: Arbeitsgemeinschaft Hauswirtschaft e.V./Stiftung Verbraucherinstitut (Hrsg.), Haushaltsträume. Ein Jahrhundert Technisierung und Rationalisierung im Haushalt, Königstein im Taunus 1990, S.57

[2] Meyer 1926, S.55

Wurde sie, wie eine Schreiberin in der "Welt der Frau" bereits 1906 hoffte, durch die Dienstbotennot veranlaßt, "über die Vereinfachung unserer häuslichen Arbeit nachzusinnen"?[1]

Im folgenden Abschnitt werde ich einen komprimierten Abriß über die Weiterentwicklung der wichtigsten elektrischen Haushaltsgeräte - deren Grundlagen, wie in Kapitel 1. dargestellt, zumeist schon im ausgehenden 19. Jahrhundert bekannt waren - bis in die dreißiger Jahre geben, um im Anschluß daran, in Abschnitt 2.4, den Verlauf der Haushaltselektrifizierung in diesem Zeitraum zu beschreiben.

2.3 Fortschritte der Elektroindustrie - die Elektrifizierung der Geräte

Wesentliche Fortschritte konnte die Elektroindustrie (federführend die Firmen Siemens und AEG) noch vor dem Ersten Weltkrieg sowohl auf dem Gebiet der Antriebs- als auch der Heiztechnologie verzeichnen.

An erster Stelle ist hier die um 1910 erfolgte Verkleinerung des Elektromotors zu nennen, zu dem es "in der Motorisierung des Haushalts ... praktisch keine Alternative"[2] gab. Dank ihm konnten die bereits existierenden mechanisch oder über einen Wassermotor[3] betriebenen Geräte wie beispielsweise der Staubsauger und die Waschmaschine auf den wesentlich bequemeren elektrischen Antrieb umgestellt werden.
Sehen wir uns die Weiterentwicklung des Staubsaugers, dem wichtigsten Gerät bei der Wohnungspflege, genauer an.
Nachdem seine Motorisierung und damit eine Verminderung der körperlichen Anstrengung erreicht war, wurde unablässig weiter an seiner Verbesserung be-

---

[1] Welt der Frau 1906, zit. n. Weismann 1988, S.163

[2] J. Steen (Hrsg.), Die Zweite Industrielle Revolution. Frankfurt und die Elektrizität 1800-1914. Bilder und Materialien im Historischen Museum, Frankfurt am Main 1981, S.321

[3] Der nach Steen in der Herstellung aber zu teuer und in der Bedienungsweise zu umständlich war, um sich durchsetzen zu können.

züglich Saugleistung, Lautstärke, Ausstattung (kombiniert mit Bohner[1]) und vor allem hinsichtlich Größe und Gewicht gearbeitet. Statt der großen Vakuumpumpe nun ausgestattet mit einem Ventilator, der zusammen mit dem Motor in einem Gehäuse untergebracht werden konnte, entwickelte sich der handliche tragbare Ventilatorstaubsauger, auch dank seines relativ niedrigen Preises, bereits in den zwanziger Jahren zu einem "über alle Erwartungen hinausgehenden Verkaufserfolg"[2].

Mit der Ausdifferenzierung in die drei Typen Hand-, Boden- und Klopfstaubsauger war die Entwicklung seiner technischen Grundausstattung im wesentlichen bereits in den dreißiger Jahren abgeschlossen.

Die dem elektrischen Kleinmotor zugeschriebene Bedeutung als "Mädchen für Alles (sic!)"[3], die Hoffnung der Techniker der Elektroindustrie, "mit diesem Motor fast alle Haushaltsprobleme lösen zu können"[4], resultierte jedoch nicht nur aus der Möglichkeit des Einbaus in existierende Geräte. Wie die folgende Abbildung zeigt, war der 1911 von AEG angebotene transportable Haushaltungsmotor auch mit jedem beliebigen Küchengerät zu verbinden. Mit seiner Hilfe wurde es erstmals möglich, bestimmte Tätigkeiten der Nahrungszubereitung elektrisch zu verrichten: z.B. Fleisch und Gemüse zu zerkleinern, Brot zu schneiden oder auch Kaffee zu mahlen.

---

[1] Seit 1927 wurde von Siemens auch ein elektrischer Haushaltsbohner angeboten, der in der Weiterentwicklung zusätzlich mit sog. Abziehwalzen ausgerüstet war. In der Zeit der Parkettfußböden brachte er eine immense Arbeitserleichterung: Das äußerst mühsame (kniend zu verrichtende), nach einer gewissen Zeit notwendige "Abziehen" des Bodens mit Stahlspänen erübrigte sich fortan. Vgl. Bieling/Scholl 1966, S.72

[2] Ebd., S.67

[3] G. Dettmar, Elektrizität im Hause, Berlin 1911, S.122

[4] AEG Hausgeräte (Hrsg.), Alles elektrisch. 100 Jahre AEG Hausgeräte, Nürnberg o.J., S.20

Abb. 9: Dettmar 1911, S.123

Ebenfalls entscheidende Erfolge konnte die Elektroindustrie noch vor dem Ersten Weltkrieg auf dem Gebiet der Elektrowärme, genauer bei der Suche nach geeigneten Heizelementen für die Elektrowärmegeräte verzeichnen.

Bereits 1904 wurden von Siemens nicht nur die hohen Temperaturen standhaltenden Silitstäbe entwickelt, drei Jahre später stand auch mit Chromnickel (statt Platin) "erstmals ein Material zur Verfügung..., dessen Widerstand, Temperaturkoeffizient, Temperaturbeständigkeit, Verarbeitbarkeit und Preis, die Voraussetzung für eine Verwendung des elektrischen Heizelementes auf breiter Basis schufen."[1]

Verzögert durch den Krieg begann Siemens 1924 mit der Serienfertigung des elektrischen Bügeleisens, das sich sehr schnell als meistgekauftes Bügelgerät etablieren konnte. Seine außerordentliche Beliebtheit wurde auch lange Zeit nicht

---

[1] Bieling/Scholl 1966, S.7

durch das Auftauchen der "automatischen" Reglereisen beeinträchtigt: Ab 1926 erwerbbar[1], konnten sie sich erst nach dem Zweiten Weltkrieg durchsetzen.[2]

Auch die Zeit des Elektroherdes, der die bereits existierenden einzelnen Kochplatten ablösen sollte, schien noch nicht gekommen. Obwohl die AEG bereits 1908 ihren ersten Komplettherd, der allerdings erst in kleinen Stückzahlen produziert wurde und demnach sehr teuer war, vorstellte, begann sich seine Einführung in den Haushalt erst in der dritten Dekade des Jahrhunderts abzuzeichnen. Eine federführende Rolle spielten hierbei sowohl der 1926 von Siemens auf den Markt gebrachte Elektrische Tischherd als auch der drei Jahre später vorgestellte Elektrische Volksherd.
Der Fortschritt im Vergleich zu den früheren schweren Modellen bestand vor allem in ihrem einfachen und relativ preiswerten Aufbau, aber auch - nach Bieling/Scholl zu urteilen - in der Leistungsfähigkeit insbesondere des Backofens, "dessen gute Eigenschaften geradezu als sensationell empfunden wurden: reproduzierbare Leistungszufuhr, daher gleichbleibende Zeiten und Ergebnisse, Beherrschung der Temperaturverteilung, Sauberkeit und Gefahrlosigkeit."[3]
Als technische Verbesserung, neben der von Form und Oberfläche, kam zwar Mitte der dreißiger Jahre der Temperaturwähler und die Backofenautomatik dazu, für den Haushalt hatte diese allerdings bis zur Nachkriegszeit keine Relevanz: Die Einführung dieser teilautomatisierten Herde war in Deutschland aufgrund der dort herrschenden Normen und Lieferbestimmungen bis zu diesem Zeitpunkt nicht möglich.[4]
Obwohl ihre oben genannten primitiveren Vorläufer, wie Matschoß noch 1934 konstatierte, "noch viel zu wünschen übrig liessen"[5], erfreuten sie sich, wie die folgende Graphik veranschaulicht, wachsender Beliebtheit. Was verständlich ist,

---

[1] Im Vergleich zu den nicht regelbaren Eisen waren die mit einem Temperaturregler ausgestatteten allerdings recht teuer.

[2] Vgl. Bussemer u.a. 1988, S.122

[3] Bieling/Scholl 1966, S.33

[4] Vgl. ebd., S.35

[5] C. Matschoß, 50 Jahre Berliner Elektrizitätswerke 1884-1934, Berlin 1934, S.74

wenn man die enorme Arbeitsersparnis bedenkt, die selbst ein einfacher elektrischer Herd im Vergleich zum Kohleherd, der auch im ersten Drittel des 20.Jahrhunderts neben dem Gasherd noch lange üblich war, bedeutete.

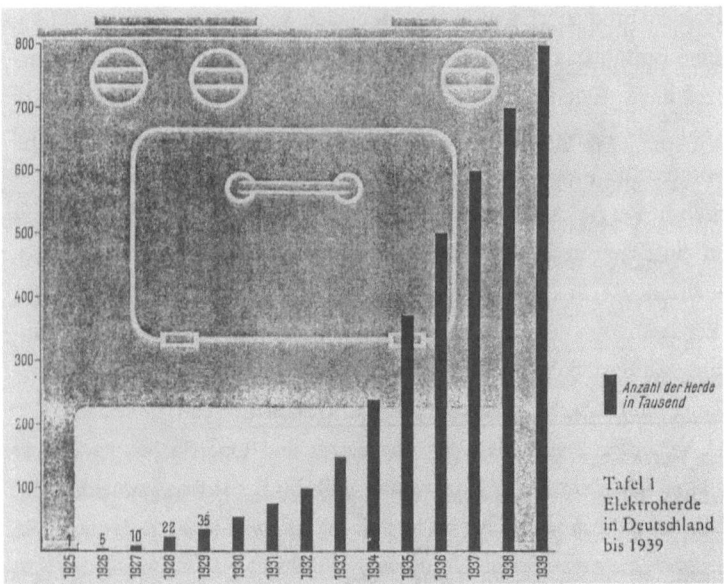

Abb. 10: Bieling/Scholl 1966, S.9

Im Gegensatz zur Elektrowärme spielte die Elektrokühlung zu dieser Zeit im Haushalt noch so gut wie keine Rolle.
Zwar bilden die ersten Dekaden die Entwicklungsjahre der technisierten Haushaltskühlung - die AEG bot bereits um 1910 ihren ersten elektrisch betriebenen Kühlschrank an, Siemens und Bosch begannen in der zweiten Hälfte der zwanziger Jahre mit der Fertigung von und der Werbung für Kühlschränke -, insgesamt

gesehen war die Zeit vor dem Zweiten Weltkrieg jedoch eher die der Experimente.[1]

Verschiedene Modelle bzw. Kühlsysteme und Antriebsarten konkurrierten miteinander, der Wettstreit zwischen den Absorber- oder motorbetriebenen Kompressorgeräten war noch nicht entschieden. Dieser Faktor erschwerte die Bemühungen um den Bau eines billigen "Volkskühlschranks"[2], der als Gemeinschaftsprojekt der deutschen Kühlschrankindustrie die elektrische Lebensmittelkühlung populär machen sollte. Viel zu teuer[3], zu groß und äußerst störanfällig, war die Nachfrage sehr verhalten: Erna Meyer zählte ihn 1927 noch nicht zu den 21 "wichtigsten elektrischen Haushaltsapparaten".[4]

Doch kommen wir zurück zur Heiztechnologie.

Anders als bei Bügeleisen und Herd waren geeignete Heizelemente für die Waschmaschine in der ersten Hälfte des Jahrhunderts noch nicht gefunden.

Zwar bezeichnen Bieling/Scholl den bereits 1932 von Siemens auf den Markt gebrachten "Protos-Kraftwascher" als "die erste brauchbare, elektrisch angetriebene und beheizte Trommelwaschmaschine für den Haushalt überhaupt"[5], diese Einschätzung ist nach Durchsicht der entsprechenden technikgeschichtlichen Literatur allerdings zu relativieren: Es besteht allgemeiner Konsens darüber, daß trotz der richtungsweisenden Erfindung des elektrischen Tauchsieders Ende der dreißiger Jahre, leistungsfähige, wenig störanfällige elektrische Heizaggregate erst nach dem Krieg zur Verfügung standen.[6]

---

[1] Vgl. hierzu Hellmann 1990, S.156f.

[2] Ebd., S.110

[3] Theodor Heuss 1946 in seiner Bosch-Biographie: "Die Schwierigkeiten stecken in der Aufgabe, die Einzelteile der komplizierten Kühlapparatur einer Mengenfertigung anzupassen damit die erstrebte Preispolitik durchgeführt werden könne." Zit. n. Hellmann 1990, S.154

[4] Ebd., S.179

[5] Bieling/Scholl 1966, S.81

[6] Vgl. H. Harder/A. Löhr, Wandel der Waschverfahren seit 1945, in: Tenside Detergents, 18.Jg. 1981, Heft 5, S.248

Bis dahin gab es nur die schon vor der Jahrhundertwende bekannten Waschapparaturen, die aber dank des elektrischen Motors, anfangs noch getrennt vom Gerät - wie die folgende Abbildung zeigt -, später integriert, maschinenähnlich wurden.

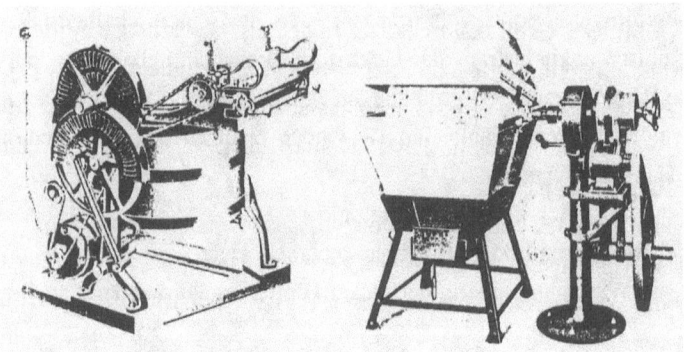

Abb. 11: Braun 1988, S.28

Konnten die elektrisch angetriebenen Maschinen auch, ohne Frage bereits ein immenser Fortschritt, die körperlich anstrengende Arbeit am Waschbrett ersetzen, so war der Arbeitsaufwand beim Wäschewaschen aufgrund der fehlenden elektrischen Beheizung[1] immer noch sehr hoch.

"Die zahlreichen Hantierungen, Wege und die mißlichen Arbeitsbedingungen des Kesselwaschverfahrens konnten durch sie nicht eingespart werden."[2]

Bedenkt man, daß diese Waschmaschinen trotz ihrer technischen Unausgereiftheit noch dazu sehr teuer waren, so verwundert der geringe Verbreitungsgrad in den zwanziger Jahren wenig. Wenn überhaupt eine Waschmaschine angeschafft wurde, dann eine handgetriebene.[3]

---

[1] Das Waschwasser mußte also immer noch extern erhitzt und zugeführt werden.
[2] Harder/Löhr 1981, S.248
[3] Vgl. Meyer/Orland 1987, S.571

Auf den ersten Blick ist es erstaunlich, daß diese technologisch rückschrittlicheren Modelle überhaupt noch im Umlauf waren. Die technikgeschichtlich interessante Koexistenz von verschiedenen Antriebsarten bzw. Heiztechnologien zeigt sich jedoch auch lange bei anderen Geräten: Bei den mechanischen oder mit Wassermotoren betriebenen Staubsaugern, ebenso wie beim Kühlschrank, wo man für Absorbergeräte lange Zeit Petroleum oder Gas als Heizquelle benutzte[1].

Wie der nächste Abschnitt zeigen wird, ist die Produktion solcher "überholter" Modelle sicherlich als Anpassungsleistung der Gerätehersteller an das Niveau der haustechnischen Infrastruktur einzustufen - ihre Entwicklung konnte vorerst mit der der Geräte nicht Schritt halten.

Letztere, so kann abschließend festgehalten werden, war im betreffenden Zeitraum durch beständige Weiterentwicklung gekennzeichnet: Waren die Jahre vor dem Ersten Weltkrieg schon von der Herstellung und Verbesserung der elektrischen Geräte und der Werbung dafür geprägt[2], so stellen die zwanziger Jahre die eigentliche Gründerzeit ihrer Produktion dar.

Gab es auch bei manchen Geräten, wie z.B. der Waschmaschine, noch gravierende technische Mängel, so wurden doch bei den meisten in diesem Zeitraum die Grundlagen für die spätere Entwicklung gelegt.

Eingedenk dieser Fortschritte der Elektroindustrie müßte man die folgende, 1927 in der Zeitschrift "Das Neue Universum" gestellte, Frage vermutlich bejahen: "Sollte die moderne Technik nicht in der Lage sein, für alle Verrichtungen des Haushalts einen Dienstbotenersatz zu finden?"[3]

Verzögert wurde die Entwicklung jedoch von der jahrelang eher schleppend verlaufenden Haushaltselektrifizierung.

---

[1] Vgl. Hellmann 1990, S.163

[2] 1911 erschienen nicht nur in der "Praktischen Berlinerin" die ersten Beiträge über elektrische Haushaltsgeräte, auch zahlreiche elektrotechnische Schriften setzten sich für ihre Verbreitung ein. Vgl. auch 2.4.

[3] Der Haushalt ohne Dienstboten, in: Das Neue Universum, Bd. 48, Stuttgart/-Berlin/Leipzig 1927, S.465

2.4 Die Entwicklung der Haushaltselektrifizierung

In der Phase des allgemeinen Ausbaus der Elektrizitätsversorgung zwischen 1900 und 1914 konzentrierten sich die ersten Bemühungen der EVU fast ausschließlich auf die Durchsetzung der elektrischen Beleuchtung, der als Schlüsseltechnologie zentrale Bedeutung für die Weiterentwicklung der Haushaltselektrifizierung und damit der Elektrizitätswirtschaft überhaupt beigemessen wurde.[1]

War die erste Lampe im Haus, damit also der Anschluß an das Stromnetz hergestellt, hielt man auch die Erweiterung nur noch für eine Zeitfrage. Ausgehend vom Beispielcharakter des elektrischen Lichts, das als sauber, geruchlos, ungefährlich, ständig und mit nur einem Handgriff betriebsbereit, heller und billiger als jede andere Beleuchtungsart gepriesen wurde, sollten die Abnehmer/inn/en von den Vorzügen der neuen Energie insgesamt überzeugt werden.

Vorteilhaft für die Gewöhnung an den von einigen Vorreitern bereits 1911 hypostasierten vollelektrifizierten Haushalt[2] mag auch die technikgeschichtlich bemerkenswerte erweiterte Einsatzmöglichkeit des Lichtstroms gewirkt haben: Analog zu dem über die Gasbeleuchtung funktionierenden gasbeheizten Bügeleisen konnten auch über die Glühlampenfassung kleinere, wenig Strom verbrauchende Haushaltsgeräte wie z.B. der, im nachfolgenden Zitat beschriebene, Staubsauger relativ kostengünstig betrieben werden.

"Ist Elektrizität vorhanden, so ist die Sache noch einfacher. Man braucht nur eine Glühlampe auszuschrauben und an ihrer Stelle ein Zwischenstück einzuschalten, mit dessen Hilfe (bei einem Kostenaufwand von fünf Pfennig für die Stunde) das Rad sich selbständig dreht...".[3]

---

[1] Vgl. hierzu Zängl 1989, S.66f.

[2] So zeichnete beispielsweise der AEG-Direktor Siegel bereits 1911 dieses gänzlich unrealistische Bild: "So neigt sich der Tag in unserem elektrischen Heim dem Ende zu. Beruhigt überlassen wir nun seine Bewohner dem Schlafe, denn keine Explosionsgefahr bedroht ihr Leben, keine Vergiftung ihre Gesundheit." Zit. n. Zängl 1989, S.69

[3] Die Praktische Berlinerin 1906, zit. n. Weismann 1988, S.163

Auch das Bügeln konnte, wie nachstehende Abbildung zeigt, durch Ausnutzen des vorhandenen Lichtstroms erleichtert werden.

Abb. 12: AEG Hausgeräte, o. J., S.9

Während ein Schritt zur Forcierung der elektrischen Innenbeleuchtung in einer spürbaren Senkung der Tarife[1] bestand - nur so konnte sie zu einer ernsthaften Konkurrenz für das Gaslicht, das "als hoffnungslos rückständig diffamiert"[2] wurde, werden -, basierte die andere wesentliche Förderungsmaßnahme auf verschie-

---

[1] Der Durchschnittspreis für Lichtstrom sank von 1896 bis 1913 von 70 auf 50 Pfennig. Vgl. Zängl 1989, S.61
[2] Ebd., S.67

denen kostenlosen Vorleistungen, die Installation oder die Abgabe der ersten Lampe betreffend.[1]

War die Beleuchtung auch das früheste Anwendungsgebiet der Elektrizität, so ist Zängls Einschätzung, daß sie sich bis zum Ersten Weltkrieg auch in den Haushalten der "kleinen Leute" durchgesetzt hat, zu relativieren: in den Haushalten, die überhaupt über einen Hausanschluß verfügten. Das waren, trotz einer Verzehnfachung der öffentlichen Elektrizitätsversorgung zwischen 1900 und 1914, im gesamten Reichsgebiet um 1910 allerdings lediglich 10% und selbst in Berlin nur 3,5%.[2]
Noch 1911 hieß es in einer Leitschrift des Verbandes Deutscher Elektrotechniker (VDE): "Der Elektrizitätsbedarf vieler Hausbewohner kann mangels Leitungen nicht befriedigt werden."[3]

An dieser Realität mußten auch die frühen Bemühungen der Verfechter des vollelektrifizierten Haushalts scheitern, die ab etwa 1910 in den zahlreich erscheinenden elektrotechnischen Schriften für die generelle Anwendbarkeit der Elektrizität - über die Beleuchtung hinaus - zu werben begannen. Allen voran Georg Dettmar, Generalsekretär des VDE und Leiter der 1911 gegründeten "Geschäftsstelle für Elektrizitätsverwertung" (Gefelek)[4], der in seiner weitverbreiteten Schrift "Elektrizität im Hause" das künftige Aufgabengebiet umreißt:

---

[1] Diese Förderungsstrategie, die Zängl als "Rockefeller-System" (S.12) genauer beschreibt, scheint sich seinen Ausführungen zufolge wie ein roter Faden durch die Geschichte der Elektrizitätswirtschaft zu ziehen.

[2] Ebd., S.46 und P. Czada, Die Berliner Elektroindustrie in der Weimarer Zeit, Berlin 1969, S.156

[3] Verband Deutscher Elektrotechniker 1911, zit. n. F. Langguth, "Elektrizität in jedem Gerät". Die Elektrifizierung der privaten Haushalte am Beispiel Berlins, in: Arbeitsgemeinschaft Hauswirtschaft e.V./Stiftung Verbraucherinstitut 1990, S.94

[4] Ihre Aufgabe bestand hauptsächlich darin, die "große Masse" über die Vorteile der Elektrizität aufzuklären. Vgl. Dettmar 1911, S.181

"Bei der elektrischen Beleuchtung sind besondere Anstrengungen zur weiteren Einführung nicht so notwendig, weil diese Anwendung der Elektrizität für sich selber spricht. Anders ist das aber beim Kochen und Heizen, wo viele Vorurteile und falsche Ansichten zu beseitigen sind. Auch bezüglich des elektrischen Kraftbetriebes im Hause ist noch viel zu tun..."[1]

Um diese Vorurteile abzubauen, führte er die erstaunlich breite Palette an bereits existierenden elektrisch angetriebenen und beheizten Geräten vor und versuchte anhand dieser Beispiele, die generelle Überlegenheit der Elektrizität im Vergleich zu den herkömmlichen Energieträgern zu belegen. Sah er auch die Aufklärung der zu diesem Zeitpunkt noch skeptischen Hausfrauen als ein wesentliches Aufgabengebiet, so war er sich dennoch darüber bewußt, daß es damit allein nicht getan war. Eindringlich appellierte er an die EVU, von ihrer Seite die notwendigen Schritte - Ausbau der technischen Infrastruktur, attraktivere Tarife - einzuleiten, um die Haushaltselektrifizierung in Gang zu bringen.[2]

Entscheidende Voraussetzungen dafür wurden bereits im Laufe des Ersten Weltkriegs geschaffen: Mit dem Bau leistungsfähiger und extrem wirtschaftlich arbeitender Großkraftwerke und durch den Beginn der Verbundwirtschaft[3] war nun erstmals die Versorgung eines größeren Gebietes zu garantieren.

Beschleunigt und ernsthaft in Angriff genommen wurde die Haushaltselektrifizierung jedoch erst in den zwanziger Jahren[4], was sicherlich auch im Zusammenhang mit der sich zuspitzenden Haushaltsfrage zu sehen ist.
Weitgehend ohne beständig verfügbare "dienstbare Geister", überansprucht, verstärkte sich nicht nur das Interesse der Haushalte an der Technik, sondern damit auch das der Elektroindustrie und insbesondere der EVU am Absatzmarkt Haushalt.

---

[1] Ebd., Vorwort

[2] Ebd., S.184f.

[3] Durch diesen Zusammenschluß mehrerer kleiner Kraftwerke zu wenigen großen konnten, auch zum Vorteil der Verbraucher/innen, die Anlage- und Betriebskosten gesenkt werden. Vgl. von Miller 1936, S.121

[4] Vgl. Czada 1969, S.155

Sie nutzten die bekannten Frauenzeitschriften, um - nun massiver als vorher - für elektrische Haushaltsgeräte unter dem Hinweis auf die "rationelle Hauswirtschaft" zu werben[1].

Nach dem Motto "Alles elektrisch" wurden ausgedehnte Werbekampagnen unternommen, um die Haushalte ebenso von den Vorzügen eines Hausanschlusses wie auch eines möglichst umfangreichen Maschinenparks, der Alternative zur "Perle", zu überzeugen.

Letztendlich sollte diese Lösung "Technik statt Dienstboten" auch die ökonomisch sinnvollere sein, wie die zahlreichen Kosten-Nutzen-Vergleiche beweisen sollten. Die Gefelek, die bereits 1914 in den "elektrischen Haushaltungsapparaten" einen Ausweg aus der Dienstbotenfrage sah, argumentierte folgendermaßen:

"Die nicht unerheblichen Kosten für die elektrische Einrichtung eines Haushaltes werden in kurzer Zeit durch die großen Ersparnisse gedeckt, die durch den Wegfall der Ausgaben für das Dienstmädchen entstehen."[2]

Um den Traum vom elektrifizierten Haushalt auch realisieren zu können, kamen die EVU den Pionieren mit finanziellen Erleichterungen entgegen: durch kostenlose, mietweise oder durch Abschlagszahlung zu tilgende Einrichtung der Anschlüsse oder der Geräte selbst. Als richtungsweisend ist hier das Mitte der zwanziger Jahre von der Berliner Elektrizitätswerke AG (BEWAG) angebotene Ratenzahlungssystem "Elektrissima" zu nennen, mit dem bis 1927 30% der Neuanschlüsse in Berlin finanziert wurden.[3]

Eine weitere absatzpolitische Maßnahme, die der Elektrizität zum Einzug in den Haushalt verholfen hat, war auch die Einführung eines verbraucherfreundlichen Tarifsystems, dem Grundgebührentarif. Statt des noch bis Ende des Ersten Weltkrieges üblichen Pauschaltarifs (ohne Stromzähler) unterschied er zwischen einer Beanspruchungs- bzw. Arbeitsgebühr und einem Betrag für den tatsächlichen Verbrauch.

---

[1] Vgl. Weismann 1988, S.166f.
[2] Gefelek 1914, zit. n. AEG Hausgeräte o.J., S.18
[3] Vgl. Langguth 1990, S.97

Mitte der zwanziger Jahre begannen sich die Investitionen in den Haushalt - erst im Zuge des Dienstbotenrückgangs als lohnend empfunden - auszuzahlen: Das Anschlußniveau erhöhte sich spürbar. Waren in Berlin 1922 nur 11% der Wohnungen an das Stromnetz angeschlossen, so fünf Jahre später bereits die Hälfte.[1]

"... erst gegen Ende der zwanziger Jahre (erreichte die Haushaltselektrifizierung, d.V.) einen Umfang, der einen größeren und kontinuierlichen Bedarf an elektrischen Haushaltsgeräten gewährleisten konnte."[2]

Trotz dieses Erfolges war der Stromverbrauch der Haushalte nach Ansicht der an Profitmaximierung interessierten EVU zu niedrig. Elektrizität wurde, wie schon Erna Meyer bedauernd feststellte, hauptsächlich und z.T. ausschließlich zur Beleuchtung eingesetzt oder zum Betrieb sparsamer, ebenfalls mit Lichtstrom funktionierender Klein- und Kleinstgeräte wie dem Staubsauger und dem Bügeleisen.
Wie auch die nachstehende Tabelle zeigt, wurde sie dagegen kaum eingesetzt "zum Kochen und Heizen, da der meist nur vorhandene Lichtstrom noch zu teuer und auch die Apparate recht kostspielig sind. Erst wenn diese billiger werden und allgemein Kraftstrom und Nachttarife - die zu gewissen Stunden besondere Preisermäßigungen vorsehen - eingeführt sind, können wir auf weite Verbreitung elektrischer Koch- und Wascheinrichtungen hoffen."[3]

---

[1] Czada 1969, S.156
[2] Ebd., S.155
[3] Meyer 1926, S.49

Versorgung der Haushalte mit elektrischen Geräten 1928

	absolut	% Haushalte in Berlin
Bügeleisen	364 500	55,9
Staubsauger	179 400	27,5
Heizkissen	105 900	16,3
Kochapparate	38 100	5,9
Brat- und Röhrenapp.	11 100	1,7
Waschmaschinen (ungeheizt)	2 900	0,5
Kühlschränke	1 100	0,2

Quelle: Scharrer 1969, S. 156

Abb. 13: Zängl 1989, S.113

Das Hindernis bei der Verbreitung elektrisch beheizter Geräte bestand jedoch nicht nur in ihren hohen Anschaffungsund Betriebskosten, sondern auch in der, in obigem Zitat lediglich angedeuteten, geringen Leistungsfähigkeit der, primär auf Beleuchtung (Lichtstrom) ausgerichteten, Stromnetze. Meyers Hoffnung auf elektrische Koch- und Waschgeräte sollte erst Jahre bzw. Jahrzehnte später erfüllt werden.

Zwar wurde von der Herstellerindustrie, genauer von Vorkämpfern wie dem AEG-Direktor Siegel, das elektrische Kochen schon seit der zweiten Dekade des Jahrhunderts anvisiert, die sich nach seiner Einschätzung zufolge noch im Versuchsstadium befindenden Tarife machten jedoch die "elektrische Küche bei aller Begeisterung für ihre Vorzüge und Annehmlichkeiten indiskutabel"[1].

Seit Anfang der zwanziger Jahre, als "der Kampf um die Küche in Deutschland zwischen den Anhängern des Gases und den Befürwortern der Elektrizität auf breiter Front entbrannt"[2] war, intensivierte die Elektroindustrie ihre Überzeugungsarbeit: sowohl bei den Hausfrauen mittels Vorträgen, Wanderausstellungen, Verteilung von Kochproben u.ä. als auch bei den EVU. Diese hielten sich vor

---

[1] G. Siemens, Der Weg der Elektrotechnik. Geschichte des Hauses Siemens, Bd. 2, Freiburg/München 1961, S.95

[2] Siemens 1952, zit. n. Zängl 1989, S.111

allem aus zwei Gründen lange Zeit mit der Einführung der Elektrowärme in den Haushalt sehr zurück: Zum einen wollten sie sich an das "Abkommen" Elektrizität für Licht und Kraft, Gas für Wärme halten, zum anderen befürchteten sie eine, aus dem mittäglichen Kochen resultierende, ungünstige Belastung der Werke.[1] Obwohl ihnen die Verfechter der Elektrowärme mittels differenzierter Studien und Berechnungen eine Profitmaximierung durch Steigerung der Herdanschlüsse in Aussicht stellten, begannen die EVU erst Anfang der dreißiger Jahre, in der Krisenzeit, das elektrische Kochen in großem Umfang zu propagieren und tariflich zu forcieren.

Die Weltwirtschaftskrise, der damit einhergehende sinkende Stromverbrauch des Hauptabnehmers Industrie[2] und die dadurch ausgelöste Absatzkrise zwangen die EVU dazu, sich noch stärker auf den relativ krisensicheren Absatzmarkt Haushalt zu konzentrieren. Einerseits sollte endlich die Vollversorgung erreicht werden - 1933 waren immerhin 76% aller Berliner Haushalte an das Stromnetz angeschlossen[3] -, andererseits galt es als dringend erforderlich, den Stromabsatz in den elektrifizierten Haushalten, vor allem mittels Einführung der Elektrowärme, genauer der Elektrowärme-Großgeräte, zu vervielfachen.

"Alles in allem können wir hoffen, uns durch Propagierung von elektrischen Haushaltsherden ein großes, neues Stromabsatzgebiet zu schaffen, das in der Lage ist, unabhängig von der allgemeinen Wirtschaftskonjunktur die Ausfälle an Industriestrom wettzumachen..."[4]

Neben der 1932 in Essen stattfindenden Elektrowärme-Ausstellung dürfte letztendlich für den Übergang zum elektrischen Kochen insbesondere die sukzessive

---

[1] Vgl. Matschoß 1934, S.73f.

[2] In Nordrhein-Westfalen entfielen 1931 z.B. noch 90 bis 95 % des Stromabsatzes auf die Industrie. Vgl. Zängl 1989, S.148

[3] Czada 1969, S.156

[4] So der Direktor des Hannoveraner Elektrizitätswerks Frank 1932, zit. n. Zängl 1989, S.156

Einführung eines attraktiven Haushaltstarifes entscheidend gewesen sein, mit dem die Verwendung eines Elektroherdes auch ökönomisch gerechtfertigt schien[1]. Dank solcher Förderungsmaßnahmen seitens der EVU, als auch der erwähnten verbesserten Produkte seitens der eng mit ihr zusammenarbeitenden Elektroindustrie, konnte der Elektroherd als das erste elektrische Haushaltsgroßgerät noch vor dem Krieg in nennenswertem, wenn auch nicht in breitenwirksamen Umfang eingeführt werden.

Richtig etablieren konnte sich das elektrische Kochen, wie der vollelektrifizierte Haushalt überhaupt, erst nach dem Zweiten Weltkrieg, in der dritten Technisierungsphase, die im folgenden Kapitel zu charakterisieren ist.

Zuvor möchte ich jedoch die Erfolge und Defizite während dieser zweiten Technisierungsphase abschließend resümieren, zusammenfassen, in welchen Arbeitsbereichen die Technik für die selbstwirtschaftende Hausfrau bereits Entlastung bringen konnte und nochmals die gesellschaftliche Bedingtheit dieser Technisierungsprozesse herausstreichen.

2.5 Fazit

Als erster grundlegender Fortschritt in dem dargestellten Untersuchungszeitraum ist zweifelsohne die unerhörte Arbeitserleichterung durch die zentrale Energieversorgung zu nennen: mit Wasser, Gas, das als Heizquelle an oberster Stelle stand, und letztendlich ab Mitte der zwanziger Jahre mit Elektrizität.

Obwohl diese, durch den Ausbau der haustechnischen Infrastruktur gekennzeichnete, Dekade auch die Gründerzeit der Produktion vieler elektrischer Haushaltsgeräte bedeutet, zogen jedoch nur wenige in den Haushalt ein. Waren es auch nur wenige Arbeitsbereiche, die zu dieser Zeit durch das Vorhandensein von Elektrizität verändert wurden, so war in diesen der Wandel, die Entlastung doch erheblich. Zuerst ist hier die elektrische Beleuchtung hervorzuheben. Anders als bei ihren direkten Vorläufern, wie der Petroleumlampe, aber auch dem Gasglühlicht, klingt

---

[1] Nach Zängls Recherchen konnten 1939 etwa 38% aller Elektrizitätswerke derartige Tarife anbieten. S.152

bei ihr, die nur noch "angeknipst" wird, der traditionelle Ausdruck "Lichtmachen" absurd.

"Anders als das Gaslicht, das noch regelrecht angezündet werden mußte..., wurde elektrisches Licht in einem Augenblick angeschaltet: "Sie kommen nach Hause, Sie betätigen den Schalter, und ohne Feuer, ohne Streichholz erhellt sich das ganze Haus.""[1]

Nicht zu unterschätzen ist jedoch auch die Arbeitserleichterung durch die, dem elektrischen Licht schnell folgenden, elektrischen Kleingeräte wie Staubsauger und Bügeleisen.
Elektrische Großgeräte wie Waschmaschine, Herd und Kühlschrank, die sich in den USA schon in den zwanziger bzw. dreißiger Jahren etabliert hatten, waren dagegen in deutschen Haushalten - bis auf den Herd, der den Gasherd zu verdrängen suchte - kaum zu finden.

Die Ursachen dieses im Vergleich zu den USA eher schleppend verlaufenden Technisierungsprozesses sind vielfältig und unterschiedlicher Natur. Neben den bereits ausgeführten technischen Barrieren wie der geringen Leistungsfähigkeit des Stromnetzes dürften vor allem ökonomische Faktoren für die Verzögerung maßgebend gewesen sein. Anders als in den USA, wo die zwanziger Jahre vom wirtschaftlichem Aufschwung und einer Verbilligung der Geräte bestimmt waren, war in Deutschland das Verhältnis der Massenkaufkraft zu den Kosten von Anschaffung und Betrieb der "maschinellen Helfer" ein äußerst ungünstiges.

Ausschlaggebend waren aber auch andere gesellschaftliche Rahmenbedingungen. War, wie geschildert, in den USA das Bedürfnis nach einer Reform der Hauswirtschaft aufgrund der Dienstboten- und Frauenfrage bereits im letzten Drittel des vergangenen 19. Jahrhunderts sehr groß, so erreichte es in Deutschland erst in den zwanziger Jahren seinen Höhepunkt.

---

[1] Schivelbusch 1983, S.70

Erst zu diesem Zeitpunkt, als die Nachfrage nach Elektrogeräten gesichert schien und die lange vorhandene Skepsis ihnen gegenüber als überwindbar galt, bekundete auch die Elektrizitätswirtschaft ein vitales Interesse am Absatzmarkt Haushalt. Die Zeit schien vor dem Hintergrund der Etablierung der "selbstwirtschaftenden Hausfrau", des Rückgangs an menschlichen Hilfen, reif für Investitionen in ihn.

Der von verschiedenen Seiten unterschiedlich motivierte Wunsch, die soziale Veränderung, den Strukturwandel der Hausarbeit, durch umfassende Technisierung zu kompensieren, konnte jedoch aus den genannten Gründen noch nicht realisiert werden - die defizitäre Haushaltstechnisierung, zweifelsohne der Hauptgrund für die erstaunliche Popularität der oben dargestellten Rationalisierungsbewegung bzw. ihren Vorschlägen zur rationellen Arbeitsorganisation.

Erst in der dritten Technisierungsphase waren, wie ich im folgenden Kapitel zeigen werde, zunehmend alle Voraussetzungen für die angestrebte Haushaltstechnisierung in großem Umfang erfüllt. Erst in dieser Zeit, nach dem Zweiten Weltkrieg, konnten die Hausfrauen allmählich von den Fortschritten der Haushaltstechnik profitieren.

3. Breitenwirksame Haushaltstechnisierung nach dem Zweiten Weltkrieg

3.1 Diffusionsprozeß der wichtigsten Elektrogeräte und seine Determinanten

"Insgesamt kann man sagen, daß der Diffusionsprozeß technischer Geräte in die Haushalte und den Alltag langfristig zögerlich verlief und daß von einem Durchbruch der Haushaltstechnisierung in der Bundesrepublik erst seit zwei Jahrzehnten gesprochen werden kann."[1]

Wie auch die nachstehenden Tabellen veranschaulichen, kann man zwar die fünfziger Jahre als Frühphase der Haushaltstechnisierung bezeichnen, der große Technisierungsschub setzte jedoch erst in den sechziger, stärker noch in den siebziger Jahren ein. Erst seit dieser Zeit sind viele der, uns heute längst zur Selbstverständlichkeit gewordenen, Haushaltsgeräte allgemein verbreitet.

Elektrogeräte auf 100 Haushalte (in %)

	1953	55	57	59	60
Elektroherde	18	23	28	35	36
Kühlschränke	2	7	13	23	32
Waschmaschinen	9	12	16	22	25
darunter: el. beheizt	-	4	9	14	15
Heißwassergeräte	33	40	47	54	61
darunter Großger.	3	4	6	9	11
Raumheizgeräte	19	21	23	27	27

Quelle: HEA-Statistik 1960, zit. n. Jönck 1963, S. 79

Abb. 14: Zängl 1989, S.247

---

[1] W. Glatzer/W. Hübinger, Haushaltstechnisierung und gesellschaftliche Arbeitsteilung, in: B. Biervert/K. Monse (Hrsg.), Wandel durch Technik? Institution, Organisation, Alltag, Opladen 1990, S.83

Tabelle 1: Die Ausstattung der Haushalte mit technischen Geräten

	1962/3 %	1969 %	1973 %	1978 %	1983 %
Staubsauger	65	84	91	94	96
Kühlschrank	52	84	93	84	79
Fernsehgerät	34	73	87	93	94
PKW	27	44	55	62	65
Waschvollautomat	9	39	59	70	83
Telefon	14	31	51	70	89
Gefriergerät, Kühl-Gefrier-Kombination	3	14	28	58	69
Elektr. Nähmaschine	10	26	37	46	52
Geschirrspülmaschine	0,2	2	7	15	24
Elektr. Heimbügler	1	6	10	14	15
Elektr. Wäschetrockner					10

Quelle: Statistisches Bundesamt Wiesbaden, Fachserie 15: Einkommens- und Verbrauchsstichprobe 1962/3; 1969; 1973; 1978; 1983. Jeweils Heft 1: Ausstattung privater Haushalte mit ausgewählten langlebigen Gebrauchsgütern.

Abb. 15: K. Zapf, Soziale Technikfolgen in den privaten Haushalten, in: Glatzer/Berger-Schmitt 1986, S.216

Wie kam die Technik in den Haushalt?
Was waren zentrale Einflußfaktoren der Technisierung, die - das technikgeschichtlich entscheidende Novum dieser dritten Phase - nicht mehr nur Elektrifizierung, sondern nun verstärkt auch Automatisierung[1] meinte?

Betrachten wir, bevor wir uns mit der Akteurseite, den Orientierungen der Techniknutzer/innen auseinandersetzen, die "Energieseite", d.h. die Technikerzeuger, die bereits Anfang der fünfziger Jahre ihre Bemühungen um den vollelektrifizierten Haushalt wieder aufnahmen.
Die von den Elektrizitätsversorgungsunternehmen mit dem Motto "Strom kommt sowieso ins Haus - nutz das aus"[2] gestartete Werbekampagne zeigte bereits 1959

---

[1] ""Automatik im Haushalt" wurde zu einem Zauberwort bundesdeutscher Nachkriegs-Haushaltsführung." Orland 1991, S.264

[2] Isar-Amperwerke 1958, zit. n. Zängl 1989, S.244

erste Erfolge: Der Stromverbrauch im Haushalt verdreifachte sich in diesem Jahrzehnt.[1]

Obwohl jedoch "die Deutschen und alle anderen Westeuropäer (...) ihr Leben (...) in den fünfziger Jahren ganz auf Elektrizität (umstellten, d. V.)"[2], blieb das Ausstattungsniveau niedrig. Die erhoffte Profitsteigerung durch Absatz der "Großen Vier" des Haushalts: Elektroherd, Heißwasserbereitung, Kühl- und Gefrieranlage und Waschmaschine, ließ vorerst auf sich warten. Sie wurde erst erreicht als auch die Elektroindustrie die Zugangsbedingungen erleichterte, mittels Verbesserung und, in Folge der begonnenen Massenproduktion, Verbilligung ihrer Produkte.

Als erster Großverbraucher relevant durchgesetzt hat sich der Elektroherd[3], der, in der Nachfolge des elektrischen Lichts, als "Schlüssel für den vollelektrischen Haushalt"[4] angesehen wurde.

Bereits in den Ende der fünfziger Jahre auf den Markt gebrachten, aus Elektroherd und Spülschrank bestehenden, Küchenkombinationen waren die ersten klobigen Herde nicht mehr zu erkennen. Es war jedoch nicht nur die beständig weiterverfolgte Erhöhung des Bedienungskomforts[5], die dem elektrischen Kochen zum endgültigen Durchbruch verhalf, bahnbrechend war insbesondere die in den fünfziger Jahren erfolgte Einführung der Automatik bei Kochplatten und Backofen: Erst die 1950 von Siemens patentierte Automatic-Platte in Verbindung mit der Zeitschaltautomatik ermöglichten "den nach entsprechender Einstellung völlig selbsttätig ablaufenden Kochvorgang."[6]

---

[1] Vgl. Zängl 1989, S.244

[2] Karweina 1984, zit. n. Zängl 1989, S.244

[3] Zwischen 1950 und 1960 konnte sich die Zahl der angeschlossenen Herde von 2.100.000 auf 6.600.000 verdreifachen, vgl. Bieling/Scholl 1966, S.13

[4] Bieling/Scholl 1966, S.16

[5] Dieser wurde auch in den letzten Jahren durch Zusatzeinrichtungen wie Grill, die Umstellung auf Heißluft, pflegeleichte durchgehende Glaskeramikkochflächen und selbstreinigende Backöfen zunehmend perfektioniert.

[6] Ebd., S.36

Hochgelobt in der ab 1950 anlaufenden "Aktion Volkskühlschrank" und technisch verbessert, mit wirksamer Isolierung und automatisiertem Abtauvorgang, wurde auch der Kühlschrank immer mehr zum begehrten und sogar notwendigen Gut, bedenkt man den zunehmenden Wegfall der Speisekammern im Wohnungsbau nach dem Zweiten Weltkrieg.

Verzögert wurde sein Einzug in den Haushalt durch seinen hohen Preis: Mußte man 1950 noch drei Monatsgehälter zahlen, so zehn Jahre später nur noch zwei Drittel eines Lohnes[1]. Zur Standardausstattung zählte der Kompressorkühlschrank, der die Absorbermodelle endgültig verdrängte[2], 1969, ein Jahrzehnt früher als die Tiefkühltruhe.

Sie wurde zwar ebenfalls in der Frühphase der Haushaltstechnisierung angeboten, sinnvoll erschien sie - als moderne Art der Vorratswirtschaft - anfangs aber nur den Haushalten, in denen Eigenproduktion von Lebensmitteln betrieben wurde. Erst als das Eingefrieren von Lebensmitteln, das 1966 "... erst im Anfang seiner Entwicklung"[3] stand, durch den Kauf von Tiefkühlkost ergänzt bzw. ersetzt wurde, konnte die Tiefkühltruhe immer breitere Käuferschichten erobern.

Als unverzichtbar wurde jedoch bereits in den Wirtschaftswunderjahren die Anschaffung einer leistungs- und vor allem etagenfähigen Waschmaschine angesehen. Die Erfüllung des Wunsches, in der eigenen Maschine in der Wohnung statt in der Waschküche waschen zu können, rückte mit den ersten, Anfang der fünfziger Jahre angebotenen Metallbottichwaschmaschinen in greifbare Nähe.

Zusätzlich zu dem elektrischen Antrieb (über Rührflügel bzw. Wellenrad) besaßen sie nun auch, statt der bis dahin üblichen Kohlefeuerung, eine elektrische Heizvorrichtung; endlich war das automatische Erhitzen der Waschlauge und der Wäsche in einem Gefäß, ohne offene Flamme und ohne Dampfentwicklung möglich. Dieser Vorteil, die Wohnungstauglichkeit und die Ausstattung mit Temperaturwähler sowie Zeitschalter begünstigten zweifellos die relativ starke Verbreitung dieser Maschinen bis Mitte der sechziger Jahre. Der Arbeits- und Zeitaufwand bei

---

[1] Vgl. Hellmann 1990, S.258
[2] Vgl. Bieling/Scholl 1966, S.99
[3] Ebd., S.101

diesem lediglich teilmechanisierten Waschverfahren war jedoch noch immer, wie die folgende Auflistung veranschaulicht, beträchtlich.

Tabelle 4. Teilmechanisiertes Waschverfahren in elektr. Metallbottichwaschmaschine (Stand 1952 bis 1966)

Vorbereiten
   Sortieren der Wäsche
Waschen
   Wasser einlaufen lassen
   Waschmittel einrühren
   Wäsche einfüllen
   Temperatur-/Zeitwähler einstellen
   Nach Ablauf der Waschzeit mit Wringer entwässern
   Laugenpumpe ein-/ausschalten
Spülen, 2 ×
   Wasser einlaufen lassen
   Zeitwähler einstellen
   Nach letztem Spülgang mit Wringer entwässern
   Laugenpumpe ein-/ausschalten

Abb. 16: Harder/Löhr 1981, S.249

Verdrängt wurden diese "maschinellen Helfer" in der Folgezeit von dem auf dem Trommelprinzip basierenden Modell, das sich aufgrund seiner besseren Ausnutzung von Waschmittel, Wasser und Wärme als das technisch überlegenere erwies. Im Vergleich zu den Bottichwaschmaschinen bestand der Fortschritt dieser Teilautomaten darin, daß die Wäsche ohne Umfüllen gewaschen und gespült werden konnte, "wobei beide Arbeitsgänge in durchgehendem Ablauf automatisch gesteuert werden."[1]
Ungelöst blieb allerdings immer noch das Problem des dritten Arbeitsganges, das Entwässern der Wäsche. Diese anstrengende, traditionell meist von zwei Personen

---

[1] E-Nachr. 1968, zit. n. Orland 1991, S.247

zu bewältigende Prozedur wurde jedoch zunehmend von der Schleuder übernommen, die, da preisgünstig angeboten, offenbar in vielen Haushalten den ersten Schritt zur Maschinisierung des Waschens bedeutete.[1]
Integriert in die Waschmaschine wurde dieser Arbeitsgang im Zuge der weiteren Automatisierung. Der erste Waschautomat war nicht nur, dank der sogenannten elektromechanischen Programmautomatik, mit einem über elektrische Pumpen funktionierenden automatischen Wasserzu- und -ablauf und drei Waschprogrammen für verschiedene Wäschearten ausgestattet, sondern auch mit einem speziellen Schleudergang.

War damit endlich auch der vollkommen selbsttätig ablaufende Waschvorgang erreicht, so ging damit doch ein bereits existierender entscheidender Vorteil verloren: die Etagenfähigkeit. Hergestellt wurde sie erst wieder durch die in den sechziger Jahren entwickelten befestigungsfreien Vollautomaten, die mittels Stoßdämpfer und federnder Trommelaufhängung die auftretende Unwucht ausgleichen konnten. Weiter technisch optimiert, ausgestattet mit zehn und mehr Waschprogrammen und speziellen Einspülvorrichtungen, mit Wechselstrom betrieben - so bequem an jede Schuko-Steckdose anschließbar[2] - und vor allem auch im Preis reduziert, stand dem breitenwirksamen Einzug des den Waschvorgang revolutionierenden Waschvollautomaten erst Ende der sechziger Jahre nichts mehr im Wege.

"Vorbei ist die Zeit, in der die Hausfrau alle vier Wochen oder öfter die große Wäsche in feuchten, dämpfigen Kellern in holz- oder kohlebeheizten Waschkesseln zum Kochen brachte und dann durchstampfte oder Stück für Stück auf dem Wäschebrett rumpelte."[3]

---

[1] G. Silberzahn-Jandt, Wasch-Maschine. Zum Wandel von Frauenarbeit im Haushalt, Marburg 1991, S.57 u. S.87

[2] Aufgrund des geringeren Strombedarfs war bei diesem Maschinentyp kein Drehstromanschluß nötig, der in der Regel extra gelegt werden mußte. Vgl. Braun 1988, S.30

[3] Silberzahn-Jandt 1991, S.9

Zweifellos war die enorme qualitative Verbesserung der elektrischen Haushaltsgeräte in Form von integrierten elektrischen Antrieben, Thermostaten, Zeitschaltwerken und automatischen Programmsteuerungen bei gleichzeitiger Verminderung ihrer Anschaffungskosten eine notwendige Voraussetzung der Haushalttechnisierung.

Nicht zu unterschätzen ist jedoch auch die Rolle der konjunkturellen Entwicklung und die der kulturellen Orientierungen, die ebenfalls beschleunigend wirkten. Denken wir nur an die im Zuge des wirtschaftlichen Aufschwungs schnell steigenden Löhne, den damit verbundenen "historisch beispiellosen Anstieg des Wohlstandes"[1], auf dessen Basis erst so mancher Haushaltstraum realisiert werden konnte.

Sicher ließ auch der Gedanke daran bzw. die Antizipation einer steigenden Massenkaufkraft den Unternehmen die Investition in die industrielle Massenproduktion von Haushaltsgeräten lohnenswert erscheinen. Und nicht nur, wie Rammert nahezulegen scheint, "die Herausbildung eines neuen kulturellen Modells von Leistung und Konsum"[2], das er als den entscheidenden Einflußfaktor des spezifischen Verlaufs der deutschen Haushaltstechnisierung identifiziert.

Daß sozio-kulturelle Orientierungen, hier das "konsumeristische Paradigma", den Diffusionsprozeß maßgeblich mitdeterminierten, steht jedoch außer Frage: Wie bereits nach dem Ersten Weltkrieg ging auch in den "golden fifties" von den USA eine enorme Faszination aus[3], sie wurden mit Modernität assoziiert, die sich im Konsum, dem Zauberwort der Zeit, konkretisierte. Zu der Imitation des "american way of life", des pragmatischen, modernen und technisierten Lebensstils gehörten auch als zentrale Statussymbole die "weißen Güter".

Ihre Anschaffung wurde jedoch sicher nicht nur wegen ihres hohen Prestigewerts angestrebt, sondern auch weil "die Frau von heute ... bequemer leben (will,d.V.)"[4].

---

[1] Rerrich 1990, S.87

[2] W. Rammert, Technisierung im Alltag. Theoriestücke für eine spezielle soziologische Perspektive, in: Joerges 1988, S.187

[3] Vgl. Radkau 1989, S.273

[4] G. Baumert, Deutsche Familien nach dem Kriege, Darmstadt 1954, S.117

Liest man zeitgenössische Berichte, so wird klar, wie sehr die Frauen sich insbesondere nach den langen kräftezehrenden Kriegsjahren nach Entlastung im Haushalt sehnten. Angetan von dem arbeits- und zeitsparenden Potential der haushaltstechnischen Hilfen, informierten sie sich in den von der Elektroindustrie neu eingerichteten Beratungsstellen über die jeweiligen Funktionsweisen, den erforderlichen Umgang und die Kosten der Geräte. Letztere stellten, obwohl sie reduziert wurden und die Konjunktur günstig war, in den fünfziger Jahren für die meisten Familien noch immer ein großes Problem dar.

Waren die Frauen 1951, zumindest nach Einschätzung von Siemens-Vertretern, auch "mehr denn je bereit, für arbeits- und zeitsparende Elektrogeräte auch entsprechende Geldbeträge aufzuwenden"[1], so liessen sich solche Wünsche, aber auch die übrigen steigenden Konsumansprüche mit einem Gehalt allein nicht realisieren. Ändern sollte sich das erst durch die im Laufe der fünfziger Jahre signifikant gestiegene Mitarbeit der Ehefrauen und Mütter.

Die vitale Bedeutung dieses neuen sozialen Phänomens als einen die Haushaltstechnisierung vorantreibenden Faktor wird in der techniksoziologischen Literatur gemeinhin übersehen. Als relevante Determinanten werden technologische und ökonomische Sachverhalte sowie kulturelle Orientierungen genannt, während die Bedürfnislage der Frauen und ihr, auch dadurch motiviertes, verändertes Erwerbsverhalten unberücksichtigt bleibt.

In den wenigen Texten, in denen die Erwerbstätigkeit von verheirateten Frauen und Müttern in einen Kausalzusammenhang zur Haushaltstechnisierung gebracht wird, erscheint sie in der Regel als Folge, aber nicht als ein möglicher Einflußfaktor:

"Die partielle Technisierung des Haushalts wirkt sich auf den Familienalltag in mehrfacher Weise aus. Da die Hausarbeit nun weniger Zeit in Anspruch nimmt, ist es für verheiratete Frauen leichter, wenn auch nur halbtags, einer beruflichen Tätigkeit nachzugehen..."[2]

---

[1] Der Anschluß 1951, zit. n. Zängl 1988, S.244

[2] H. Lenk/G. Ropohl, Technik im Alltag, in: Kölner Zeitschrift für Soziologie und Sozialpsychologie, Sonderheft 20, 1978, S.269

Eine Ausnahme von dieser einlinigen Sichtweise bildet die 1961 erschienene Studie "Die Berufstätigkeit von Müttern" von Elisabeth Pfeil, auf die ich jedoch erst im vierten Kapitel eingehen werde. Erst an dieser Stelle wird eine differenzierte Auseinandersetzung mit dieser komplizierten Verbindung zwischen Haushaltstechnisierung und mütterlicher Erwerbstätigkeit erfolgen.

Wie die vorliegenden Ausführungen zeigen, ist der Diffusionsprozeß der Haushaltstechnik nicht monokausal zu erklären, sondern vollzog sich in einem, in der Nachkriegszeit besonders günstigen, komplexen Bedingungsgefüge.

"Die ökonomische Kluft zwischen modernisierter Industrie und traditionalem Haushaltsbereich, der technologische Stau vielfältiger Innovationen für zentrale Leistungen im Haushalt und der abrupte und breitenwirksame Wechsel der kulturellen Orientierungen und des Lebensstils in der Nachkriegszeit stellten eine besondere historische Konfiguration dar..."[1]

Wie radikal bereits die neuen, in den sechziger und siebziger Jahren in den Haushalt einziehenden Geräte wie Elektroherd, Kühlschrank, Tiefkühltruhe und Waschvollautomat die Haushalts- und die Lebensführung umwälzten, ist uns heute oft nicht bewußt. Mittlerweile gehören nicht nur sie, sondern auch weitere selbsttätige Geräte wie Mikrowellenherd und Geschirrspülmaschine und eine breite Palette an arbeitserleichternden Konsumangeboten mehr oder weniger selbstverständlich zum familialen Alltag.
Im folgenden Abschnitt soll es darum gehen, die dadurch ermöglichten qualitativen Veränderungen, die Revolutionierung der einzelnen Leistungsfunktionen transparent zu machen und nach den Chancen der Haushaltstechnisierung zu fragen.

Aus forschungsstrategischen Gründen werde ich vorerst nur von den technischen Gebrauchsformen bzw. den funktionalen Qualitäten der Geräte, abstrahierend vom Nutzer/innenverhalten, ausgehen. Ist diese Trennung zwischen den technischen Artefakten und ihrem sozialen Verwendungszusammenhang auch streng genommen

---

[1] W. Rammert, Technisierung und Rationalisierung der privaten Haushalte - ein Ausweg aus der ökonomischen Krise?, in: Arbeitsgemeinschaft Hauswirtschaft e.V./Stiftung Verbraucherinstitut 1987, S.190

nicht zulässig, so scheint sie mir doch der einzig adäquate Weg zu sein, um die Frage nach dem arbeits- und zeitsparenden und so letztendlich emanzipatorischen Potential von Haushaltstechnik beantworten zu können.

3.2 "Industrielle Revolution im Haus"[1] - Chancen der Technisierung am Beispiel der wesentlichen hauswirtschaftlichen Aufgabengebiete

3.2.1 Nahrungsmittelkonservierung und -zubereitung

Während in den fünfziger Jahren "die meisten Hausfrauen gezwungen (waren, d.V.), alle leicht verderblichen Lebensmittel täglich frisch einzukaufen"[2], stehen uns mit Kühlschrank und Tiefkühltruhe sehr bequeme und zeitsparende Methoden der Lebensmittelkonservierung zur Verfügung. Dank dieser und der in der Nachkriegszeit raschen Verbreitung von Konserven, verschwand nicht nur der notwendige tägliche Einkauf, weitgehend ersetzt findet sich auch das Einmachen von Obst und Gemüse.

Die Tiefkühltruhe erlaubt nicht nur das Einfrieren solcher Produkte, sondern auch das kompletter Mahlzeiten, was nach haushaltswissenschaftlichen Berechnungen eine 400%ige Zeitersparnis bedeuten kann[3]. Weit übertroffen allerdings durch den Rückgriff auf die tiefgefrorenen Fertiggerichte, bei denen sich der eigentliche Kochvorgang erübrigt bzw. in ein Aufwärmen verwandelt hat. Seit das Angebot an Tiefkühlkost beständig differenziert und verfeinert wurde - existierten 1960 gerade zwölf verschiedene Produkte, so standen zehn Jahre später schon 550 zur Auswahl[4] -, und sie im Vergleich zur Konserve als die ernährungsphysiologisch wertvollere Alternative erkannt wurde, erfreute sie sich wachsender Beliebtheit.

---

[1] Vgl. R. Schwartz Cowan, The "Industrial Revolution" in the Home: Household Technology and Social Change in the 20th Century, in: Technology and Culture 17, 1976

[2] Baumert 1954, S.115

[3] Vgl. G. Schwerdtfeger, Haushalt heute - Haushalt morgen?: Erfahrungen aus der Praxis und Ergebnisse der Haushaltsforschung, 5., erw. Aufl., München 1987, S.104

[4] Vgl. Hellmann 1990, S.120

Selbst das "Backen" eines Apfelstrudels oder die "Zubereitung" exotischer Gerichte wie Nasi Goreng sind mit ihr "kinderleicht" und in kürzester Zeit zu bewältigen.

Aufgrund der direkten Wärmeerzeugung in den Speisen erfordert die Essenszubereitung mit dem Mikrowellenherd sogar nur noch wenige Minuten. Die Attraktivität dieses erst seit Anfang der achtziger Jahre zur Verfügung stehenden, mittlerweile in 17% der Haushalte vorfindbaren[1] Geräts besteht insbesondere in seiner schnellen und äußerst unkomplizierten Arbeitsweise. Es ermöglicht bzw. erleichtert so nicht nur die zeitliche, sondern auch die personelle Flexibilisierung der Essenszubereitung: In Kombination mit den entsprechenden Fertiggerichten, tiefgefroren oder aus Packung bzw. Dose, von fast jedem mühelos zu bedienen, können sich die einzelnen, zu unterschiedlichen Schul- bzw. Arbeitszeiten heimkehrenden Familienmitglieder ihr Essen leichter selbst warm machen - wodurch potentiell die "Verpflichtung" der Ehefrau und Mutter zu einer relativ starken Präsenz in der Küche, resultierend aus der häufigen Zubereitung dieser Einzelportionen, reduziert wird.

Sicherlich weniger spektakulär, dennoch nicht zu vergessen, sind auch die vielen Kleingeräte wie Schnellkochtöpfe, direkt angetriebene elektrische Einzelgeräte wie Kaffeemaschinen und Handmixer und vor allem die schon vor dem Ersten Weltkrieg existierende, beständig weiterentwickelte Universalküchenmaschine mit ihren verschiedenen Zusatzgeräten. Ihr Vorteil im Vergleich zur Hand-Küchenmaschine: Sie arbeitet selbständig "und entlastet so die Bedienungsperson."[2]
Selbst die Herstellung von Babykost in ernährungsbewußten Haushalten, die die industriell gefertigte Gläschennahrung - aufgetaucht und begeistert aufgenommen in der frühen Nachkriegszeit - ablehnen, bereitet mit dem Einsatz dieses rührenden, mixenden, zerkleinernden und pürierenden Geräts keine Mühe mehr. Im

---

[1] Datenbasis: Technikfolgensurvey 1988, nach Hampel u.a. 1991, S.58

[2] H. Pichert, Aktueller Stand und voraussichtliche Entwicklung der Haushaltstechnik, in: Arbeitsgemeinschaft Hauswirtschaft e.V./Stiftung Verbraucherinstitut 1987, S.39

Gegensatz zur folgenden bis in die sechziger Jahre üblichen, ohne den Rückgriff auf einen Kühlschrank sich täglich wiederholenden Prozedur:

"1/2 Pfund Mohrrüben werden in kaltem Wasser gereinigt, leicht geschabt und in feine Scheiben geschnitten. Diese werden dann mit 3/4 Liter Wasser 1 Stunde lang gekocht. Das Ganze wird durch ein Haaarsieb gegossen, jedoch nicht gepreßt, die Brühe mit abgekochtem Wasser auf 1/2 Liter wieder aufgefüllt. ... zu dem Gemüsebrei kann man, bevor man ihn durch ein feines Haarsieb drückt, etwas Kartoffelbrei hinzufügen, oder in der Zeit, wo es wenig frische Obstsäfte gibt, auch eine kleine Menge roh geriebener Kartoffeln unter den Gemüsebrei mischen. Um den Vitamingehalt durch das Kochen nicht unnötig zu vernichten, kann man z.B. junge Karotten mit der Glasreibe fein reiben und dann mit etwas Butter oder etwas Milch kurz (10 Minuten) dämpfen."[1]

Anhand dieses Beispiels dürfte nicht nur der Vorteil einer Küchenmaschine, sondern auch der der vielfältigen, allerdings ohne Frage weniger hochwertigen Fertigprodukte von Kartoffelpüree bis zur vollständigen Baby-Mahlzeit deutlich geworden sein.

Gewiß werden in den letzten Jahrzehnten auch Geräte produziert, deren arbeitserleichterndes Potential, zumindest in einem 3-4 Personenhaushalt, umstritten ist: der elektrische Eierkocher, Dosenöffner, kurios anmutend: der elektrische Austernöffner, Geräte wie Saftpressen, bei denen zum Teil der Reinigungsaufwand in keinem Verhältnis zu der zubereiteten Menge zu stehen scheint, oder solche, die die Haushaltsproduktion erhöhen, beispielsweise die Eis- oder Joghurtmaschine. In der Regel ist jedoch davon auszugehen, daß sie, wenn ihr arbeitssteigernder Charakter bewußt wird, ihr weiteres Dasein als "Technikruine" fristen müssen - ein uns wohl allen mehr oder weniger vertrautes Phänomen.

Insgesamt haben enorme Fortschritte auf dem Gebiet der Küchentechnik, wie auch im Nahrungsmittelsektor eine beschleunigte, mühelosere und dadurch flexibilisierbare Essenszubereitung ermöglicht. Durch den Konsum von Vorgefertigtem in den

---

[1] Bundesverband der Deutschen Standesbeamten 1953, zit. n. M.S. Rerrich, Veränderte Elternschaft. Entwicklungen in der familialen Arbeit mit Kindern seit 1950, in: Soziale Welt, 34.Jg. 1983, Heft 4, S.430

verschiedensten Varianten in Verbindung mit modernsten Geräten, was minimalen Zeitaufwand bei "kinderleichter" Bedienungstechnik bedeutet, kann sich nicht nur der Aufwand der Frau für die Nahrungszubereitung auf ein bis dahin wohl unbekanntes Minimum reduzieren, sondern auch ihre traditionelle Zuständigkeit dafür. Beides Möglichkeiten, die sich, werden sie genutzt, mehr oder weniger stark in einer spürbaren Erhöhung ihres Handlungsspielraumes ausdrücken. Doch dazu, d.h. zum Verwendungszusammenhang, später.

Betrachten wir nun den schwerer technisierbaren Bereich der Reinigungsarbeiten; hier scheinen, abgesehen von der Geschirrspülmaschine, wegweisende Impulse eher von der Chemie- als von der Gerätetechnik ausgegangen zu sein.

3.2.2 Reinigungsarbeiten in Küche und Wohnung

Ausgehend von den Überlegungen in den zwanziger Jahren wurde auch in der Nachkriegszeit die Veränderung des Arbeitsplatzes "Küche" für unerläßlich gehalten.

Von der 1956, von Küchenmöbel- und Geräteherstellern gegründeten Arbeitsgemeinschaft "Die moderne Küche" wurde vor allem die Entwicklung bzw. der Einzug der funktionalen Einbauküche forciert betrieben. Der "Traum jeder Hausfrau" versprach Arbeitserleichterung nicht nur durch die durchgehenden Arbeitsflächen (keine schlecht sauberzuhaltenden Winkel, Ritzen oder Fugen), sondern auch durch den Einsatz pflegeleichter Materialien bei Küchenmöbeln und -geräten: Einbauschränke aus, in den fünfziger Jahren entdeckten, Kunststoffen wie Resopal und Hornitex[1] oder Spülbecken aus kratz- und stoßfestem Chromnickelstahl.

An diesen neuentwickelten Werkstoffen orientierte sich auch die Produktion der Haushaltsreiniger, milde und wasserlösliche Allzweckreiniger, die immer effektiver wurden.

Denken wir beispielsweise an den sogenannten "Klartrockeneffekt", der das bis dahin notwendige Trockenreiben von Gegenständen überflüssig machte. Erreicht

---

[1] Vgl. Hellmann 1990, S.256

wurde er zuerst bei den Spülmitteln. Wurde bereits 1951 die Wirkung des von Henkel angebotenen "Pril" als "unglaublich"[1] empfunden, galt es aufgrund seines hohen Emulgiervermögens[2] als ideal, so schien bald die sieben Jahre später erwerbbare flüssige Variante mit Glanztrockeneffekt attraktiver.

Neben diesen ersten Erfolgen bei den neuen chemisch hergestellten Spülmitteln ist auch die Veränderung des Spülguts in den letzten Dekaden zu erwähnen: Die zunehmende Verwendung neuer pflegeleichter Materialien bei Kochgeschirr, z.B. teflonbeschichtete Töpfe und Pfannen oder die Identität zwischen Koch- und Anrichtegeschirr, beispielsweise beim Mikrowellengeschirr.

Die gravierende Erleichterung beim Spülen brachte jedoch seit den achtziger Jahren die Geschirrspülmaschine, im Reinigungsbereich das einzige selbsttätige Gerät. In ihrer frühen Form noch von Hand geschaltet (manuelle Steuerung des Wasserzu- und -ablaufs), läuft heute das gesamte Programm mit allen Spülgängen vollautomatisch ab, was sich nach Kropff im Vergleich zum Handspülen in einer Arbeitszeitersparnis von bis zu 75% niederschlägt.[3] Ist dies sicherlich der Hauptgrund für ihre Anschaffung und ihre relativ rasche Verbreitung - mittlerweile befindet sie sich bereits in 40% aller Haushalte[4] -, so erleben es viele Frauen zusätzlich als einen Vorteil, daß durch das sofortige Einräumen des benutzten Geschirrs die Küche immer aufgeräumt aussieht. Selbst "pflichtbewußte" Hausfrauen können so ohne schlechtes Gewissen das "Spülen" auf einen späteren Zeitpunkt verschieben.

Vergleichbare Automaten gibt es für die Wohnungspflege nicht. Zu ihrer Erleichterung stehen vor allem Pflegemittel in unzähligen Produktvarianten zur Ver-

---

[1] Bohmert 1988, S.146

[2] D.h. daß es das Wasser so veränderte, daß es auch die normalerweise nicht wasserlöslichen Fette und Öle binden konnte.

[3] Vgl. C. Kropff, Technologie: Geräte und Maschinen im Haushalt, Köln/Porz 1981, S.94

[4] Datenbasis: Technikfolgensurvey 1988, nach Hampel u.a. 1991, S.58

fügung, vom Fensterputzmittel über das Badewannenspray bis zum "selbsttätig wirkenden" Teppichreinigungspulver.
Das wichtigste Gerät bei der Wohnungspflege ist zweifellos der Staubsauger. In Saugleistung und Aufnahmekapazität zunehmend ausgereifter, hat dieser, insbesondere in Kombination mit den nach dem Zweiten Weltkrieg immer häufiger anzutreffenden Teppichböden, den Frauen so manchen Reinigungsvorgang erspart: Kehren, putzen, aber auch das, vor allem bei manueller Verrichtung, äußerst mühsame Bohnern.

Kommen wir nun zu dem Bereich, der zweifelsohne am tiefgreifendsten und am umfassendsten verändert wurde: der Wäschepflege.

3.2.3 Wäschepflege

"Die Entwicklung vom Handarbeitsprozeß "Waschen" der Jahrhundertwende zum Waschvollautomaten der 80er Jahre ist zweifellos das eindruckvollste Beispiel für die Geschichte der Haushaltstechnik."[1]

Hat die Automatisierung des Waschens fraglos die Wäschepflege, wie ich zeigen werde, am stärksten verändert, so ist die Intensität des Wandels auch mitbedingt durch Fortschritte auf dem Gebiet der Waschmittel und, spürbarer noch, auf dem der Textilien.
"Traditionell" aus Naturfasern wie Baumwollgeweben bestehend, wurden sie im Zuge des Mitte der fünfziger Jahre einsetzenden Synthetik-Booms zunehmend von Textilien aus Orlon, Dralon, Diolen oder Trevira verdrängt. An erster Stelle sind hier Nylon- und Perlonstrümpfe und synthetische Herrenoberhemden zu nennen, die 1962, also binnen kurzer Zeit, bereits einen Produktionsanteil von 40 Prozent erzielten.[2] Verständlich, wenn man bedenkt, daß ihre Vorgänger nicht nur gebügelt, sondern - Wechselkragen und Manschetten - auch gestärkt werden mußten. Darin bestand, trotz teilweise negativer Trageeigenschaften wie leichterem Schwitzen, der Hauptvorteil der Kunstfaser- im Vergleich zu Naturfasertextilien: in ihrer

---

[1] Meyer/Orland 1987, S.578
[2] Vgl. Orland 1991, S.256

enormen "Pflegeleichtigkeit". Sie waren nicht nur bügelfrei, sondern auch maschinenwaschbar und trockneten schnell.

Empfindlich waren sie allerdings gegenüber hohen Waschtemperaturen, ein Problem, das man anfangs mit der Einführung von Waschmitteln auf synthetischer Tensidbasis zu lösen suchte. Diese waren nicht nur bei niedrigen Temperaturen gut wasserlöslich und sehr leistungsstark, sie ersparten - für die fünfziger Jahre noch eine entscheidende Erleichterung - sowohl das Enthärten des Wassers als auch das Einweichen der Wäsche.[1]

Brauchbar waren diese stark schäumenden Waschmittel allerdings nur bei der Handwäsche und in den Metallbottichwaschmaschinen. In Antizipation des Nachfolgers kamen Ende der fünfziger Jahre die ersten schaumgebremsten Waschmittel auf den Markt - geeignet für die Trommelwaschautomaten, die mit speziellen Programmen für die neuen Synthetiks ausgestattet waren.

Die Weiterentwicklung dieser Automaten in Richtung auf den etagenfähigen Waschvollautomaten stellt die bedeutendste Zäsur in der Geschichte der Wäschepflege dar: Vom Waschen über das Spülen bis hin zum Schleudern wurde jedes Eingreifen, jede Kontrolle während des gesamten Waschprogrammes überflüssig; überhaupt schien sich der manuelle Arbeitsaufwand beim eigentlichen Waschvorgang selbst auf einen einzigen Knopfdruck zu beschränken und insgesamt um etwa 80 Prozent abgenommen zu haben.

---

[1] Vgl. Harder/Löhr 1981, S.248

Abbildung 1: Abnahme des manuellen Arbeitsaufwandes beim Waschen von 1950 bis 1980

Arbeitsaufwand	Waschverfahren
100 %	Waschkessel
81 %	Bottichwaschmaschine, mechanisch
49 %	elektrisch beheizte Waschmaschine mit Wringer
31 %	Trommelwaschmaschine
15 %	Vollautomat
7 %	Wasch-Trocken-Kombination, Syntheseverfahren

Quelle: Hloch/Krüßmann 1982: 30.

Abb. 17: Braun 1988, S.26

Die enorme Reduzierung des bis dahin nötigen Kraftaufwands und der Handarbeit wurden von den von Silberzahn-Jandt interviewten Frauen[1] verständlicherweise auch als die größten Vorteile gesehen. Erlöst wurden sie nicht nur "von dieser Lauge und von diesem Reiben auf dem Waschbrett"[2], von der permanenten Beanspruchung der Hände, sondern auch von den, als besonders beschwerlich empfundenen Transportarbeiten zwischen Wohnung und Waschküche und den verschiedenen Umfüllarbeiten von einem Gefäß bzw. Gerät zum anderen. Entgegen dem traditionellen Verständnis vom Wäschewaschen konnte man nun "buchstäblich waschen, ohne sich die Finger naß zu machen"[3] - zu einer Berührung der nassen Wäsche kam es nur noch beim Aufhängen.

---

[1] Ihre Ausführungen, auf die ich mich im folgenden teilweise stützen werde, basieren auf elf Interviews, die sie größtenteils mit Frauen führte, die Ende der fünfziger, Anfang der sechziger Jahre geheiratet haben.

[2] Siberzahn-Jandt 1991, S.54

[3] Harder/Löhr 1981, S.250

Nicht zu vergessen ist auch eine weitere gravierende Neuerung: Früher nur gemeinschaftlich, konnte die so vereinfachte Wäschearbeit fortan problemlos allein verrichtet werden[1] - noch dazu in kürzester Zeit. Zu der neugewonnenen personellen Autonomie wurde auch der zeitliche Dispositionsspielraum erhöht. Die private Waschmaschine - an deren Einzug nicht nur die Industrie, wie Orland nahezulegen scheint[2], sondern aufgrund der zahlreichen Vorteile auch die Hausfrauen selbst ein vitales Interesse hatten - erlaubte, unabhängig von Absprachen mit den übrigen Mieterinnen, nach dem eigenen Zeitplan zu waschen und nach dem eigenen Arbeitsrhythmus. Dieser wurde durch die Automatisierung entscheidend umstrukturiert: da selbsttätig ablaufend, konnte nun das Waschen, eine Arbeit, die früher einen vollen Hausarbeitstag beanspruchte, "zwischendurch und nebenher" und wesentlich beweglicher erledigt werden. Während die Maschine wusch, war die Arbeitskraft der Frau für andere Tätigkeiten frei.

Damit sind wesentliche Kennzeichen aller Automaten angeschnitten: Das durchgehende, automatische (so Mehrfachtätigkeiten evozierende und erleichternde) Arbeitsverfahren ermöglicht nicht nur eine immense Produktivitäts- und Effizienzsteigerung, sondern auch eine in vorautomatischen Zeiten unvorstellbare Flexibilisierbarkeit der Haushaltsorganisation.

---

[1] Bei manchen Ausführungen (z.B. Orland 1986, Methfessel 1988) schwingt fast ein Ton des Bedauerns über die aus der Technisierung resultierende "Vereinzelung und die Isolation" der Hausfrau mit. Nicht nur angesichts des geschilderten Arbeitsaufwands, gerade beim Waschen, sollte man sich jedoch vor einer Romantisierung vormaschineller Wascharbeit hüten. Gemeinschaftlich verrichtete Arbeit bedeutet nicht nur Kommunikation, sondern auch Konfliktpotential, vor allem wenn man bedenkt, daß auch die familiäre Mithilfe oft nicht freiwillig, sondern erzwungen war.

[2] Sie betrachtet die Entwicklung zur "Individualisierung der Maschinen" und das Scheitern von Haushaltsgenossenschaften und Einküchenhäusern hauptsächlich vor dem Hintergrund des Interesses der Elektroindustrie an Umsatzsteigerung. Ohne Frage ein wesentlicher Aspekt, aber eben nicht der einzig ausschlaggebende. Vgl. B. Orland, Haushaltstechnik und Kleinfamilie. Ein unbedeutendes Kapitel des "technischen Fortschritts", in: E. Hildebrandt u.a. (Hrsg.), High-Tech-Down, Berlin 1986

Die Möglichkeit einer freizügigen Arbeits- und Zeiteinteilung ist insbesondere der vollautomatischen Waschmaschine, der Geschirrspülmaschine und dem Mikrowellenherd zu verdanken. Sie haben den größten Beitrag sowohl zu einer Erweiterung der Dispositionsfreiheiten als auch zu einer, aus Intensivierung bzw. Verdichtung resultierenden Verkürzbarkeit des Zeitaufwands in den entsprechenden Arbeitsbereichen geleistet.[1]

Mehr oder weniger stark ist dieses freisetzende Potential auch bei den übrigen Haushaltsmaschinen zu spüren.

Auch sie haben geholfen, die Frauen von körperlich schwerer, teilweise als unangenehm empfundener Hausarbeit zu entlasten, die Chance der individuellen Lebensführung erhöht und einen gewaltigen Zuwachs an technisch vermitteltem, alltäglichem Lebenskomfort gebracht.

"Technik, für Haus und Haushalt entwickelt, ermöglichte für Menschen unterschiedlicher sozialer Schichten einen Lebensstandard und Lebensstil, der vormals nur mit Dienstboten oder weitreichender familiärer Hilfe zu leisten war."[2]

Denken wir an die Klagen der selbstwirtschaftenden Hausfrau in den zwanziger Jahren: "ihre" Probleme wurden erst Jahrzehnte später gelöst. Noch in den fünfziger Jahren bestand Hausarbeit aus zahlreichen umständlichen, mühsamen und zeitintensiven Verrichtungen, die die Frau in der Regel voll in Anspruch nahmen. Mit dem Einzug der modernen Haushaltstechnik fiel nicht nur so manche dieser Tätigkeiten (z.B. das Auskochen der Windeln auf dem Herd, die tägliche Zubereitung der Babynahrung) weg, sie erlaubte auch, insbesondere in Verbindung mit

---

[1] Die neue Generation der elektronischen, mit Mikroprozessoren ausgestatteten Haushaltsgeräte wird in dieser Arbeit nicht berücksichtigt, da sie im Vergleich zu ihren vollautomatischen Vorläufern keine neue Arbeitsersparnis bedeuten.

[2] B. Methfessel, Zwischen drei Welten - Mütter, Hausfrauen, erwerbstätige Frauen und ihre haushaltstechnischen Hilfen, in: Arbeitsgemeinschaft Hauswirtschaft e.V./Stiftung Verbraucherinstitut 1990, S.142.
Auf den, in diesem Zitat zum Ausdruck kommenden nivellierenden Charakter von Haushaltstechnik kann in dieser Arbeit nicht eingegangen werden. Ich verweise hierzu auf Rammert 1988, S.182

den angesprochenen Konsumangeboten, den Frauen die Hausarbeit allein, einfacher, bequemer und sogar schneller und flexibler zu verrichten. Ihr Angebundensein an Haus und Haushalt wurde dadurch drastisch reduziert. Im Vergleich zur Generation unserer Großmütter wird ihre Arbeitskraft von zentralen hauswirtschaftlichen Arbeitsfeldern wie Nahrungsmittelkonservierung und -zubereitung, Wohnungs- und Wäschepflege ungleich weniger beansprucht. Zumindest potentiell.

Sind die aufgezeigten Technisierungsgewinne, einschließlich der potentiellen Erhöhung der Arbeitsproduktivität und der Zeitersparnis für *einzelne* Arbeitsgänge im wissenschaftlichen Diskurs unbestritten, so wird die Realisierung der rein rechnerisch möglichen Arbeitseinsparung bei dem *gesamten* Arbeitsprozeß, wie auch der Hausarbeit insgesamt eher skeptisch beurteilt.
"So kommen fast alle Untersuchungen über den Zeitaufwand für Hausarbeit insgesamt zu dem Ergebnis, daß die Hausarbeitszeit sich trotz zunehmender Technisierung der Haushalte - zumindest in diesem Jahrhundert - nicht verringert hat"[1] und "dem Technikeinsatz im Haushalt allenfalls ein kompensatorischer Charakter zuzuschreiben ist."[2]
Begründet wird diese, wie ich zeigen werde, empirisch ungenügend gesicherte These mit der Veränderung des soziokulturellen Kontextes, in dem Hausarbeit sich realisiert und mit ihrer ganzheitlichen Struktur. Von beidem habe ich bisher, nur von den technischen Artefakten und ihren Nutzungsmöglichkeiten ausgehend, bewußt abstrahiert.

Im folgenden Kapitel soll daher versucht werden, diese Lücke zu schliessen. Um die in der Nachkriegszeit neu entstandene Belastungsstruktur der Frau erfassen zu können, müssen nun neben den technischen Effizienzsteigerungen auch die relevanten sozialstrukturellen Veränderungen - ich erinnere an die in der Einleitung genannten vier Variablen Anspruchsniveau, Kinderfürsorge, Erwerbstätigkeit und

---

[1] W. Glatzer u.a., Haushaltstechnisierung und gesellschaftliche Arbeitsteilung, Frankfurt am Main/New York 1991, S.279

[2] Orland 1986, S.129

Arbeitsteilungsformen - beachtet und in ihrem möglichen Bedingungszusammenhang zu den Technisierungsfortschritten problematisiert werden.
Wie wurde die Hausarbeit durch die Fortschritte der Haushaltstechnik umstrukturiert? Wie sieht der oben angedeutete Zusammenhang zwischen diesen und dem, die Nachkriegszeit kennzeichnenden, epochalen Wandel der Rolle der Frau aus?
Bevor die Veränderungen des Erwerbsverhaltens und der geschlechtsspezifischen Arbeitsteilung erörtert werden, soll zunächst, anschließend an die oben angeschnittene Diskussion um den Zeitaufwand für Hausarbeit, die vermeintliche Mehr-Beanspruchung der Frau in Haushalt und Familie durch eine Erhöhung der Standards näher beleuchtet werden.
Zu fragen ist, ob und inwiefern eine auch als "technikinduziert" gesehene Steigerung des Anspruchsniveaus, sowohl an die materielle als auch an die immaterielle Hausarbeit, dem zeitsparenden Potential der Haushaltstechnik Grenzen setzt.

4. Folgen der Haushaltstechnisierung für die Umstrukturierung der Hausarbeit und die Belastungsstruktur der Frau: Kompensation der technikbedingten Entlastungseffekte durch vermehrtes Engagement in Haushalt und Familie oder Erwerbstätigkeit als technikbedingte Emanzipationschance?

4.1 Vermeintlich technikinduzierte höhere Standards in der Haushaltsführung

Die Erhöhung des privaten Lebensstandards nach dem Zweiten Weltkrieg brachte, wie Hans-Paul Bahrdt betont, nicht nur "Erleichterungen der Hausarbeit (...), sondern auch zusätzliche Arbeit (...). Eine schön eingerichtete moderne Wohnung verlangt mehr Pflege als die Kate eines Landarbeiters vor fünfzig Jahren."[1]
Vermehrt wurde die Hausarbeit aber nicht nur durch die größeren, mit mehr Inventar ausgestatteten Wohnungen, sondern auch durch eine insgesamt aufwendigere Lebensführung und durch ein "neues" Sauberkeitsideal bei den Reinigungsarbeiten.

---

[1] H.-P. Bahrdt, Wandlungen der Familie, in: D. Claessens/P. Milhoffer (Hrsg.), Familiensoziologie. Ein Reader als Einführung, Frankfurt am Main 1974, S.119

Die Verbindung dieser zwei Aspekte, die gestiegenen Ansprüche sowohl die materielle Ausstattung als auch die Qualität der Hausarbeit betreffend[1], ist am deutlichsten bei der Wäschepflege aufzuzeigen.

Während niemand ernsthaft bestreitet, daß sich der Arbeitsgang des Waschens an sich drastisch verkürzt hat, können die meisten Autor/inn/en den Zeiteinspareffekt beim gesamten Arbeitsprozeß nicht mehr ausmachen: Wie z.B. Braun zu belegen sucht, wurde dieser durch den erhöhten Wäscheanfall in den letzten Jahrzehnten kompensiert.

"Die steigenden Reinlichkeitsstandards haben im Zusammenhang mit wachsendem Wäschebestand und häufigerem Wäschewechsel dazu geführt, daß zunehmend mehr Wäsche pro Person gewaschen wird. Der durchschnittliche Textilverbrauch beispielsweise stieg von acht kg pro Person und Jahr in den dreißiger auf zwölf kg in den 60er Jahren und erreichte 1983 etwa 20 kg."[2]

Auffallend ist vor allem die erhöhte Frequenz des Wäschewechsels bei Handtüchern, Bett- und Unterwäsche. Wird für die Nachkriegszeit davon ausgegangen, daß 27% der Frauen ihre Unterwäsche täglich wechselten[3], so waren es, wie nachstehende Tabelle zeigt, 1968 bereits 59%.

---

[1] Vgl. I. Kettschau, Wieviel Arbeit macht ein Familienhaushalt? Zur Analyse von Inhalt, Umfang und Verteilung der Hausarbeit heute. Diss. Dortmund 1980, S.168f.

[2] I. Braun, Die Waschmaschine, in: WZB-Mitteilungen 40, Juni 1988, S.43

[3] Ebd.

Abbildung 29: Wäschewechselfrequenz bei Unterhosen, Bettlaken und Badehandtüchern von 1968 gegenüber 1988

	Anzahl d. Nennungen in %	
	1968	1988
täglicher Unterhosenwechsel bei Männern	5	45
täglicher Unterhosenwechsel bei Frauen	59	70
Wechsel der Bettlaken alle 2 Wochen*	22	38
Wechsel der Bettlaken seltener	72	43
Wechsel der Badehandtücher täglich *	5	12
Wechsel jeden 2. Tag	16	45

* Angaben der Frauen

Quelle: Bergler 1988.

Abb. 18: Braun 1988, S.93

Die Verkürzung der Tragedauer für Wäsche insgesamt scheint jedoch nicht nur aus den höheren hygienischen Standards zu resultieren, sondern sowohl aus dem vermehrten Gebrauch staubanziehender, "(körper)fettliebender", also schmutzempfindlicher, aber pflegeleichter Synthetiks[1] als auch aus einer Bedeutungszunahme ästhetischer Ansprüche.

"Man ist pingeliger geworden"[2], aber auch - ein Vorteil vor allem für die früher viel stärker auf Sauberkeit bzw. "Aufpassen" getrimmtem Kinder - sorgloser im Umgang mit der Wäsche - so das Fazit der von Silberzahn-Jandt befragten Frauen. Sollte früher die Wäsche vor allem sauber und keimfrei sein, so wird sie heute oft selbst bei kleinsten Flecken oder sobald sie nicht mehr "taufrisch" riecht, gewaschen. Entspricht der Zustand des Wäschestückes nicht 100% den Idealvorstellungen, dann kommt es, weil es so einfach ist, "halt schnell rein in die Waschmaschine".

---

[1] Haushaltsratgeber empfahlen zwar, diese Wäsche oft zu waschen, trösten konnten sich die Frauen allerdings damit, daß diese "leichte, kurzlebige amerikanische Wäsche" auch einfacher zu reinigen sei als die herkömmliche. Vgl. Orland 1991, S.259

[2] Silberzahn-Jandt 1991, S.81

Der neue anspruchsvollere, aber auch laxere, zu einer Waschintensivierung führende Umgang mit der Wäsche als Resultat der Maschinisierung des Waschens? Ist der Waschvollautomat bzw. sein erhöhtes Leistungspotential schuld an der Mehrarbeit der Hausfrau, wie in der entsprechenden Literatur häufig vermutet wird?

"So ließ bei der Waschmaschine die Verbesserung der Funktionsprinzipien, die leichte und bequeme Handhabung des Gerätes in Komplementarität zu pflegeleichten Textilien eine Sauberkeitsstandarderhöhung zu und führte zu einer höheren Wäschereinigungsfrequenz. Eine mögliche Ressourceneinsparung wurde hierdurch überkompensiert."[1]

Vermutlich hat die enorme Erleichterung des Waschens bzw. die Waschmaschine die Etablierung der dargestellten Hygiene- und Bekleidungskultur begünstigt, sie aber als alleinigen Verursacher, als Kreateur dieser neuen Einstellungen und Verhaltensweisen zu identifizieren, erscheint mir jedoch problematisch. Denkbar ist auch die umgekehrte Entwicklung: die Erhöhung der Standards, noch bevor eine leistungsfähige Waschmaschine zur Verfügung stand. Sie vollzog sich, wie ich im ersten Kapitel dargestellt habe, zum einen bereits im 19. Jahrhundert, aber auch, der Untersuchung von Meyer/Schulze zufolge, in der ersten, noch waschmaschinenlosen Nachkriegszeit.

"Gleichzeitig nahmen die Sauberkeitsstandards und die in den Familien vorhandenen Wäschemengen zu. Das Ergebnis war ein Anwachsen des zu bearbeitenden Wäscheguts am monatlichen Waschtag und eine Erhöhung der "Zwischendurchwäschen" auf dem Küchenherd. So gesehen erscheint die Verbreitung der Haushaltswaschmaschine ab den 60er Jahren als Möglichkeit, die historisch frühere Steigerung des Arbeitsaufwands auf das Vorniveau zu reduzieren."[2]

---

[1] A. Fleischer, Langlebige Gebrauchsgüter im privaten Haushalt, Frankfurt am Main/Bern 1983, S.263 u. S.264

[2] S. Meyer/E. Schulze, Zur Dialektik von Technik und Familie - Stand und Perspektiven der Forschung, in: Verbund Sozialwissenschaftliche Technikforschung. Mitteilungen 7/1990, S.28

Nicht ausgeschlossen ist, daß sich in der Folgezeit die Ansprüche "maschinengestützt", aber eben nicht unbedingt "maschineninduziert", wie Fleischer argumentiert, weiter erhöht haben. Daß diese dann die durch die Waschmaschine mögliche Ressourceneinsparung relativiert haben, steht außer Frage. Überkompensiert, wie auch Methfessel behauptet, wurde sie jedoch sicher nicht.

"Mal-schnell-eben-zwischendurch" sortiert, vorbehandelt, gewaschen, aufgehängt, abgenommen, gebügelt, gestopft, zusammengelegt..., dies alles zusammengerechnet ergibt letztendlich heute noch eine ähnliche Zeit für die Wäschereinigung und -pflege wie zu Großmutters Zeiten."[1]

Selbst wenn man den gesamten Arbeitsprozeß einschließlich der Nacharbeiten, die sicherlich bezüglich des Zeitaufwands nicht zu unterschätzen sind, betrachtet, ist diese These nicht haltbar. Wäre allein die Automatisierung des eigentlichen Waschvorgangs schon Gegenargument genug, so half zusätzlich auch die Technisierung der Folgearbeiten Zeit zu sparen: Weder besaßen unsere Großmütter "automatische Bügeleisen", die man nicht ständig neu erhitzen mußte, noch die seit etwa 1950 angebotenen Dampfbügeleisen, mit denen sogar das Einsprühen der Wäsche wegfiel, geschweige denn einen Wäschetrockner, der allerdings auch heute noch nicht zur Standardausstattung zählt. 1988 kamen aber immerhin 31 % der Haushalte[2] in seinen Genuß - kann mit ihm doch nicht nur das Aufhängen und Abnehmen der Wäsche, sondern zusätzlich auch der größte Teil der Bügelarbeit eingespart werden.

Nach diesen Ausführungen erscheint es plausibel, von einer Verminderung des Zeitaufwands für die Wäschepflege - trotz des gestiegenen sozialen Anspruchsniveaus - auszugehen.
Wie verhält es sich in den beiden übrigen, oben angesprochenen, nicht derart "automatisierten" Arbeitsbereichen, der Eß- und Wohnkultur?

---

[1] B. Methfessel, Rationalisierung und Technisierung - ein Mittel zur Befreiung von Hausarbeit? in: Arbeitsgemeinschaft Hauswirtschaft e.V./Stiftung Verbraucherinstitut 1987, S.218

[2] Datenbasis: Technikfolgensurvey 1988, nach Hampel u.a. 1991, S.59

Analog der Argumentation bei der Wäschepflege wird auch hier eine durch die Technisierung bzw. ihre Entlastungseffekte mitdeterminierte Standarderhöhung und eine entsprechend stärkere Beanspruchung der Frau vermutet.

Sicherlich ist es richtig, daß die Anforderungen an die Ernährung im Hinblick auf Vielfalt und Vollwertigkeit gestiegen sind[1], inwieweit jedoch die Tendenz zu anspruchsvoller zubereiteten Mahlzeiten der Existenz moderner Küchentechnik, wie dem Elektroherd oder der Mikrowelle zu verdanken ist, sei vorerst dahingestellt.

Setzt letztere tatsächlich, wie Ostner fragt, "nur die Reihe der Haushaltsgeräte fort, die nach außen den Eindruck erwecken, daß sie Hausarbeit überflüssig machen, nach innen aber vermehrte Arbeit und Ansprüche erzeugen? Wer einen Mikrowellenherd besitzt, wird Mahlzeiten massenhaft zubereiten, portionieren, garnieren und einfrieren. Das "meal for return" wird perfekter. Es ist nicht aufgewärmt, es ist eigens zubereitet für jeden zu jeder Zeit."[2]

Erhöht die Geschirrspülmaschine zwangsläufig den Geschirrverbrauch?[3] Hat auch der Staubsauger durch die zunehmend "anspruchsgerechtere Gütergestaltung und die damit verbundenen Arbeitserleichterungen zu einer Erhöhung der Standards der Leistungserfüllung und Nutzungsintensivierung"[4] geführt?

Dieses sich durch alle Beispiele ziehende Argumentationsmuster[5] ist das gleiche wie bei der Waschmaschine: Technische Perfektionierung führt in jedem Fall über eine Steigerung der Ansprüche zu Mehraufwand.

---

[1] Vgl. Schmucker 1980, nach K. Zapf, Soziale Technikfolgen in den privaten Haushalten, in: W. Glatzer/R. Berger-Schmitt, Haushaltsproduktion und Netzwerkhilfe. Die alltäglichen Leistungen der Familien und Haushalte, Frankfurt am Main/New York 1986, S.213

[2] I. Ostner, Phantom Hausarbeit, in: Tornieporth 1988, S.95. Überprüft wird diese empirisch nicht gesicherte These unter Beachtung eines konkreten sozialen Verwendungszusammenhangs in Abschnitt 4.5.

[3] Methfessel 1987, S.222

[4] Fleischer 1983, S.33

[5] Eine differenzierte Kritik dieser Argumentationsführung wird in Teil IV., der die gegenwärtige Theoriediskussion behandelt, erfolgen.

Problematisch bleibt hier nicht nur die Verursacherrolle der Technik, die technikdeterministische, eindimensionale Fixierung von Ursache und Wirkung, sondern auch die Zwangsläufigkeit der Wirkung in die eine, bestimmte Richtung: in die der Erhöhung des Anspruchsniveaus.

Daneben gibt es aber auch deutliche Anzeichen für eine Reduzierung desselben, am ehesten wohl nachvollziehbar bei der Eßkultur.

Neben der aufwendigen Zubereitung des Feinschmecker-Menüs mit drei Gängen oder dem aus frischen Zutaten bestehenden Vollwert-Gericht ist eben auch der Trend zum privaten "fast food" im Alltag auszumachen. Im Gegensatz zum Wochenende scheint unter der Woche in vielen Haushalten der kurze "Weg der schnellen Mahlzeit vom Tiefkühlschrank über die Mikrowelle auf den Tisch"[1] der angemessenere.

Auch beim Hausputz und beim Bügeln wird in aktuellen empirischen Arbeiten eine Lockerung der Normen beobachtet: Fenster werden geputzt, wenn sie schmutzig sind, statt in regelmäßigen Abständen[2]. Auch gebügelt wird heute oft nur noch das, "was unbedingt sein muß"[3], im Gegensatz zu den fünfziger Jahren, wo der Großteil der Wäsche, einschließlich der Unterwäsche, auch als Schutz vor Krankheitserregern, gebügelt wurde.

Die Hintergründe für dieses relativ neue Phänomen sind zweifelsohne in einer Veränderung des häuslichen Kontextes, in dem Technik genutzt wird, zu suchen: in der Zunahme der Erwerbstätigkeit von Ehefrauen und Müttern und in der damit verbundenen Verminderung der ihnen für Hausarbeit zur Verfügung stehenden Zeit.

Mit diesem Hinweis soll an dieser Stelle nur angedeutet werden, daß Aussagen nach dem obigen Technikfolgen-Schema unter Abstraktion des Nutzer/innenverhaltens einschließlich ihrem individuellen Anspruchsniveau, das den Zeitaufwand

---

[1] M. Andritzky, Einleitung zu: Ders. 1992, S.14

[2] A. Ochel, Hausfrauenarbeit: eine qualitative Studie über Alltagsbelastungen und Bewältigungsstrategien von Hausfrauen, München 1989, S.325

[3] Silberzahn-Jandt 1991, S.82

entscheidend mitdeterminiert[1], wenig nützlich sind. Nur eine differenzierte Betrachtung der Techniknutzung der berufstätigen Frau (s.4.5) kann zeigen, daß eine derartige, den sozialen Verwendungszusammenhang außer acht lassende Generalisierung des der Technik unterstellten "Aufforde-rungscharakters"[2] völlig unangemessen ist.

Da auch die vorhandenen Zeitbudgetstudien in dieser Richtung defizitär sind, kann auch mit ihrer Hilfe die Frage nach dem Zusammenhang zwischen Haushaltstechnisierung und Zeitaufwand nicht zufriedenstellend beantwortet werden.

Es fehlen repräsentative, nach Haushaltstypen und technischen Ausstattungsstandards differenzierende Untersuchungen, die als Zeitreihen sowohl über die Entwicklung des Anspruchsniveaus an die Haushaltsführung als auch über die des Umfangs der Hausarbeit in Verbindung mit langfristigen Technisierungsprozessen Auskunft geben könnten.

"Für Deutschland liegen keine empirischen Längsschnittanalysen über die quantitativen Veränderungen des Umfangs von Hausarbeit im Gesamtverlauf des 20.Jahrhunderts vor. Entsprechende Daten existieren nur für die Entwicklung nach dem II. Weltkrieg"[3] - ungünstigerweise also nur für den Zeitraum, in dem sich die Haushaltstechnik erst zu etablieren begann.

Hinzu kommt auch, daß die Studien, die die Auswirkungen unterschiedlicher Ausstattungsgrade im gleichen Zeitraum - allerdings ohne Berücksichtigung des Erwerbsverhaltens der Frau oder des Anspruchskomplexes - untersuchen, zu verschiedenen Ergebnissen gelangen. Während beispielsweise Zander eine Tendenz zu einer Steigerung des Zeitaufwands bei besserer technischer Ausstattung ausmacht[4], findet Krüsselberg dies nur bei bestimmten Tätigkeiten - insbesondere beim Waschen und Bügeln - bestätigt. Bei der Essenszubereitung dagegen stellt er

---

[1] Vgl. auch Kettschau 1980, S.181
[2] Methfessel 1988, S.60
[3] Meyer/Schulze 1990, S.26
[4] Zander, nach Kettschau 1980, S.166

eine Zeitverkürzung um zwölf Minuten fest, bei der Wohnungsreinigung war kein einheitlicher Trend auszumachen.[1]

Kann auch mit dem vorhandenen empirischen Material die Bedeutung der Haushaltstechnik für den Zeitaufwand kaum geklärt werden, weder für den heutigen Zeitraum und schon gar nicht innerhalb dieses Jahrhunderts, so spricht doch nach den obigen Ausführungen "alles dafür, daß der Zeit- und Energieaufwand in den letzten Jahrzehnten geringer geworden ist"[2] - zumindest in den technisierbaren hauswirtschaftlichen Arbeitsbereichen. Hätte dort der Zeitspareffekt auch unter gleichbleibenden Rahmenbedingungen optimiert werden können, kompensiert wurde er durch die festgestellten "Zielfunktionsveränderungen"[3] dennoch sicher nicht.

Wie erklärt es sich dann - so das Ergebnis von, auf dem Datenvergleich unterschiedlicher Zeitbudget-Studien basierenden Sekundäranalysen -, daß "die durchschnittliche Gesamtarbeitszeit der Frauen im Haushalt ... (noch immer, d.V.) zwischen 40 und 70 Stunden in der Woche"[4] beträgt?

Ein wesentlicher Grund ist in der Struktur der Hausarbeit, ihrer Ganzheitlichkeit zu suchen. Wie bereits in der Einleitung angesprochen, besteht sie nicht nur aus hauswirtschaftlichen, "technisierungsoffenen" Tätigkeiten, sondern auch aus nicht oder schwer technisierbaren, die sich möglicherweise unter dem Eindruck eines sich verändernden gesellschaftlichen Umfelds ebenfalls gewandelt haben.

---

[1] H.J. Krüsselberg, Verhaltenshypothesen und Familienzeitbudgets - Die Ansatzpunkte der "Neuen Haushaltsökonomik" für Familienpolitik, Stuttgart/Berlin/Köln/Mainz 1986, S.180f.

[2] Pross 1976, zit. n. Fleischer 1983, S.181

[3] R. v. Schweitzer/H. Pross, Die Familienhaushalte im wirtschaftlichen und sozialen Wandel. Rationalverhalten, Technisierung, Funktionswandel der Privathaushalte und das Freizeitbudget der Frau, Göttingen 1976, S.258

[4] Kettschau 1980, S.147. Die Differenz spiegelt die zwischen den erwerbstätigen und den nicht-erwerbstätigen Frauen wider.

Denken wir dabei nicht nur an die immaterielle Hausarbeit, insbesondere die Arbeit mit Kindern, die ich gesondert behandeln werde, sondern auch an die - in neueren Arbeiten[1] der materiellen Hausarbeit zugeordneten - Bereiche wie die haushälterischen oder dispositiven Funktionen.

Zwar gehören Tätigkeiten wie sich informieren, koordinieren, organisieren, verwalten und planen nicht unbedingt zur Hausarbeit im klassischen Sinne, da sie aber aufgrund der zunehmenden Komplexität der Lebensbedingungen und der Alltagsorganisation eine immer größere Rolle zu spielen scheinen, ist eine Ausweitung des Hausarbeitsbegriffs auf solche "managementbezogenen" Aufgaben sicher angebracht.

Der Arbeits- bzw. Zeitaufwand, den die "Neue Hausarbeit"[2] mit sich bringt, kann leicht an der eigenen Alltagsbewältigung nachvollzogen werden.

Denken wir nur an die vielen, im Zuge der zunehmenden Bürokratisierung verstärkten Behördengänge, die sich potenzieren, sobald man öffentliche Leistungen beansprucht. Oder an die zahlreichen "kleinen" Besorgungen, die "kurzen" Wege zur Bank, zu Arzt/Ärztin, Steuerberater/in, zur Reperaturwerkstatt, Versicherung u.ä. Ohne den Entlastungs- und Wohlfahrtseffekt dieser Institutionen zu unterschätzen, ist es jedoch auch wichtig, auf die mit ihnen verbundenen Anforderungen hinzuweisen: Mit der Erledigung der Aufgabe allein ist es oft nicht getan, in vielen Fällen geht ihr eine zeitaufwendige Informationssuche, z.B. nach der geeigneten Dienstleistungsinstitution, voraus.

"Der Arbeitsaspekt des Sich-Kundig-Machens im Umgang mit immer mehr Großbürokratien zeigt wachsende Tendenz. Es entsteht zunehmender Beratungsbedarf für die privaten Haushalte, weil sie die Zusammenhänge allein nicht mehr kennen und überschauen können."[3]

---

[1] Vgl. Hungerbühler 1988 und Ochel 1989

[2] M. Thiele-Wittig, ...der Haushalt ist fast immer betroffen - "Neue Hausarbeit" als Folge des Wandels der Lebensbedingungen, in: Hauswirtschaft und Wissenschaft, 35.Jg. 1987, Heft 3

[3] Ebd., S.120

Den Belastungsaspekt betont Thiele-Wittig auch beim, infolge des Wandels der Märkte, modifizierten Einkaufen, der sogenannten "Beschaffungsarbeit"[1]. Wirkt ihr 6-Phasen-Modell in seiner Genauigkeit[2] auch übertrieben, so hat es doch den Vorteil, den meist völlig unterschätzten, je nach Zeit- bzw. Finanzbudget beträchtlichen Zeit- und Energieaufwand aufzuzeigen: angefangen vom Informieren über Sonderangebote, der Auswahl aus dem oft fast unüberschaubaren Sortiment bis zum "Schlangestehen". Unter solchen Bedingungen bedeutet Einkaufen, für die, die diese Tätigkeit oft unter Zeitknappheit und regelmäßig tun müssen, sicher nicht immer Spaß, sondern auch, durchaus zur Hausarbeit zählender "Streß".

Die gesellschaftlichen Bedingungen unter denen Hausarbeit verrichtet wird, haben sich in den letzten Jahrzehnten erneut gravierend verändert, mit ihnen zwangsläufig auch die Hausarbeit selbst, in all ihren Bereichen. Es gab - bereichsspezifisch - spektakuläre, auch den Zeitaufwand stark berührende Entlastungen, aber auch neue Belastungen.

Neben den aufgezeigten Belastungen durch die "Neue Hausarbeit", möchte ich im folgenden die darstellen, die aus den gewandelten Anforderungen der Kindererziehung resultieren.[3]

---

[1] Ebd., S.121

[2] Vorbereitungsphase, Zugangsphase, Auswahlphase, Checkout-und Zahlphase, Transport- und häusliche Einordnungsphase. Vgl. Dies., Beschaffungsarbeit des privaten Haushalts - Überlegungen zu einem neuen Konzept, in: Hauswirtschaft und Wissenschaft, 33.Jg. 1985, Heft 3, S.143f.

[3] Auf die damit verbundenen Gewinne kann im Rahmen dieser Arbeit nur am Rande eingegangen werden.

4.2 "Die Inszenierung der Kindheit"[1] - Zum Wandel in der Arbeit mit Kindern

Erinnern wir uns: Die Definition der familialen Kindererziehung als einer zunehmend stärker reflektierten, bewußt wahrzunehmenden und äußerst verantwortungsvollen Aufgabe war in dieser Form ein relativ neues Phänomen, entstanden in der bürgerlichen Familie des 18./19. Jahrhunderts.
Seit dieser Zeit war es insbesondere die Mutter, die - versehen mit der "natürlichen Mutterliebe" - gefordert wurde, die verantwortlich oder schuldig gemacht wurde.
Ist die Geschichte auch eine der zunehmenden Inanspruchnahme der Mutter - weshalb im folgenden, was nicht normativ zu verstehen ist, auch vorwiegend ihr Aufwand und nicht der des Vaters erörtert wird -, so sind die heute an sie gestellten Anforderungen qualitativ nicht mit den früheren zu vergleichen: Mit dem gesellschaftlichen Kontext haben sich die Erziehungsmaximen ebenso wie der durch sie mitdeterminierte Arbeitsaufwand grundlegend verändert.

Im 19. Jahrhundert waren es vorwiegend auf der elterlichen Befehlsgewalt basierende Maximen, die handlungsleitend waren. Das Kind hatte Gehorsam zu lernen und sollte mit der nötigen Strenge zu einem anpassungsfähigen Mitglied von Familie und Gesellschaft erzogen werden.
An diesen wenig kinder-, aber relativ "erzieherfreundlichen"[2] Vorstellungen änderte sich bis in die fünfziger Jahre wenig. Eiserne Disziplinierung, am besten ab der ersten Lebenswoche, wurde in medizinischen und psychologischen Ratgebern als die effektivste Erziehungsmethode angesehen. Der Säugling bzw. das Kleinkind sollte möglichst früh sauber werden und sich nicht nur an Mahlzeiten zu festgelegten Zeiten gewöhnen, sondern auch daran, daß man es, "wenn kein Grund zum Schreien, den der Erzieher beseitigen kann, vorliegt, ruhig seinem Schicksal überläßt."[3]

---

[1] E. Beck-Gernsheim, Die Inszenierung der Kindheit, in: Psychologie Heute, Dezember 1987

[2] Der elterliche Willen wurde in der Regel ohne Widerspruch zu dulden durchgesetzt.

[3] Hetzer 1947, zit. n. Schütze 1986, S.84

Erziehung, so entsteht angesichts der Lektüre entsprechender Ratgeber der Eindruck, wurde in erster Linie als "Dressur" verstanden, mittels der, auch zum Besten des Kindes, "seine tyrannischen Impulse"[1] unterdrückt werden sollten.

Welch ein Unterschied zu den heutigen liberalen Erziehungszielen, zu den zunehmend egalitären Erziehungshaltungen! Das Eltern-Kind-Verhältnis hat sich im Vergleich zu dem früherer Zeiten so stark verändert, daß von Trothas Einschätzung einer "binnenfamiliären Revolution", der der "Emanzipation des Kindes"[2], sicher nicht übertrieben ist.

Reichen ihre Wurzeln auch bis zu dem, sich in der Nachkriegszeit langsam abzeichnenden, die häuslichen Autoritätsverhältnisse empfindlich berührenden Strukturwandel der Familie[3] zurück, so ist ihre Hoch-Zeit auf die sechziger, siebziger Jahre zu datieren.

Im Zusammenhang mit der antiautoritären Bewegung fanden erstmals psychoanalytische Konzepte, überhaupt verstärkt pädagogische und psychologische Theorien - vermittelt über ein boomartig wachsendes Angebot an entsprechender populärwissenschaftlicher Literatur - Eingang in das Bewußtsein einer breiteren Öffentlichkeit. Sowohl mit den bisherigen Erziehungsmethoden als auch mit der psychologischen Qualität des Eltern-Kind-Verhältnisses setzten sie sich kritisch auseinander. Im Zentrum des Interesses stand vor allem die der Mutter-Kind-Beziehung:

"Die "natürlich-vertrauensvolle" Mutter-Kind-Beziehung gilt nicht mehr als gegeben, sondern gerade sie wird als die entscheidende Variable für das physische und psychische Gedeihen des Kindes problematisiert (...). D.h.,

---

[1] Schütze 1986, S.88

[2] von Trotha 1990, S.459. Vollzog sich diese Entwicklung je nach Schichtzugehörigkeit, Stadt-Land-Gefälle und Ausbildungsstand der Eltern auch in unterschiedlichen Tempo und Ausmaß, so blieb sie doch nicht nur auf die städtische Mittelschicht beschränkt. "... überall sind die Machtbalancen zwischen Eltern und Kindern verschoben worden...". S.461

[3] Vgl. H. Schelsky, Wandlungen der deutschen Familie in der Gegenwart. Darstellung und Deutung einer empirisch-soziologischen Tatbestandsaufnahme, 3., erw. Aufl., Stuttgart 1955

während für die Familienforscher der 50er Jahre die gute Eltern-Kind-Beziehung sich daran bemißt, was Eltern für die formale Erziehung und Ausbildung ihrer Kinder zu tun bereit sind, gilt in der Folge die emotionale Qualität der frühen Mutter-Kind-Beziehung als Ausgangsbasis für alle spätere Entwicklung einschließlich zukünftiger schulischer Leistungen."[1]

Wie sollte nun nach der Vorstellung der modernen Erziehungsratgeber[2] der ideale Umgang mit dem Kind aussehen?

Oberstes Gebot der neuen kindzentrierten Pädagogik war der Respekt vor seiner Persönlichkeit, seinen Wünschen und Bedürfnissen. Statt sich dieser - wie beim traditonellen Erziehungskonzept - mit Ignorieren, Verboten oder auch Prügel zu erwehren, soll die Mutter sich nun, auch auf Kosten eigener Verzichtleistungen, mitfühlend an sie anpassen - und zwar von Anfang an.

Um dem natürlichen Rhythmus des Kindes zu folgen, wird tendenziell zum "Stillen nach Bedarf" geraten und unter Verweis auf mögliche Entwicklungsstörungen davor gewarnt, den Säugling schreien zu lassen. Die Sauberkeitserziehung soll nicht zu früh einsetzen, nicht zu rigide sein, der kindliche Bewegungsdrang möglichst nicht durch den früher (bei den Eltern!) sehr beliebten Laufstall gebremst werden. Förderlicher ist es, dem Krabbelkind Raum zu geben und zuzulassen, daß es sich, unter den wachsamen Augen der bereitstehenden Mutter, die Welt der Wohnung erobert.

Allein an diesen wenigen Beispielen erkennt man bereits, daß bei kleineren Kindern die Realisierung des Anspruchs, ihre Bedürfnisse in den Mittelpunkt zu stellen bzw. sie so schnell wie möglich zu befriedigen, streng genommen die permanente Präsenz der Mutter bedeutet.

---

[1] Y. Schütze, Zur Veränderung im Eltern-Kind-Verhältnis seit der Nachkriegszeit, in: R. Nave-Herz (Hrsg.), Wandel und Kontinuität der Familie in der Bundesrepublik Deutschland, Stuttgart 1988, S.101

[2] Die folgenden Ausführungen basieren im wesentlichen auf Rerrich 1983 und E. Beck-Gernsheim, Wieviel Mutter braucht das Kind? Geburtenrückgang und der Wandel der Erziehungsarbeit, in: S. Hradil (Hrsg.), Sozialstruktur im Umbruch, Opladen 1985

"Unsere gestiegene Sensibilität für die Anforderungen, die Kinder - vor allem in den ersten Lebensjahren - an ihre unmittelbare Umgebung stellen (Zuwendungs- und Pflegebedürftigkeit, Förderarbeit, Verletzlichkeit), führt mehr und mehr zu einer ausschließlichen Beanspruchung wenigstens eines Elternteils für die Belange der Kinder..."[1]

Im Umgang mit grösseren Kindern hat das "Gleichberechtigungsideal" andere Implikationen.

Bezeichnend ist der 1979 neu in das Bürgerliche Gesetzbuch aufgenommene § 1626, der hier nur auszugsweise wiedergegeben wird: "Sie (die Eltern, d.V.) besprechen mit dem Kind, soweit es nach dessen Entwicklungsstand angezeigt ist, Fragen der elterlichen Sorge und streben Einvernehmen an."[2]

In der, durch ein ausgeprägt "kommunikatives Verhältnis"[3] gekennzeichneten "kindzentrierten Begründungsfamilie" ist bloßer Gehorsam längst kein Wert mehr an sich; das Kind soll die an es gestellten, begründungsbedürftigen Erwartungen verstehen und ihren Sinn einsehen können. Kann es das nicht, beharrt es auf den eigenen, diskrepanten Wünschen, so muß diskutiert und verhandelt werden. Oft zähe, zeitaufwendige, Geduld und Nerven kostende Aushandlungsprozesse, die das obsolet gewordene autoritäre "Machtwort" weitgehend ersetzt haben.

Setzte sich so bereits das Ideal der bewußten Respektierung des Kindes in neue Anforderungen an die Eltern respektive an die Mutter - nach wie vor die Hauptbezugs- und -betreuungsperson (vgl. 4.4.1) - um, so wurde die Erziehungsarbeit auch in anderer Hinsicht verändert: durch den bis ins 19. Jahrhundert zurückreichenden, in den sechziger Jahren im Zuge der Bildungsreform hinsichtlich Geschlecht und Schicht generalisierten Förderungsanspruch.

Ausgestattet mit dem entsprechenden pädagogischen und psychologischen Wissen bezüglich der kindlichen Entwicklung, sollten die Eltern die Fähigkeiten ihres

---

[1] Kaufmann 1982, zit. n. Beck-Gernsheim 1985, S.276

[2] zit. n. E. Beck-Gernsheim, Die Kinderfrage. Frauen zwischen Kinderwunsch und Unabhängigkeit, München 1988, S.87

[3] Zinnecker 1985, zit. n. von Trotha 1990, S.461

Kindes möglichst optimal und umfassend, körperlich-seelisch und vor allem kognitiv fördern.

"In der Psychologie setzt sich in den 60er Jahren eine neue Forschungsrichtung durch, die noch weit stärker als früher die Bedeutung der ersten Lebensjahre betont, ja das Unterlassen von Förderung mit verlorenen Entwicklungschancen gleichsetzt."[1]

Möglichst früh soll mit allseitiger Anregung und Stimulierung, beispielsweise mit sorgsam ausgewählten pädagogischen Spielen oder auch einem Baby-Schwimmkurs, begonnen werden.
Altersentsprechend setzt sich die Förderung dann fort in Form von Sportverein, Mal- oder Skikurs, Klavier- und Ballettunterricht.

Inwiefern bedeuten diese organisierten Freizeitangebote nun einen Mehraufwand für die Mutter? Dadurch, daß sie die Kinder beschäftigen, müßten sie sich doch vor allem durch eine Entlastungsfunktion auszeichnen.
Zweifellos stimmt das für die Zeit, die die Kinder dort verbringen - wie auch bei Kindergarten und Schule, auf die ich später zurückkommen werde. Nicht zu vergessen ist jedoch, daß kleine Kinder die meiste Zeit von der Mutter selbst beschäftigt oder zu den entsprechenden Einrichtungen, wie Spielplatz oder Mutter-Kind-Turnen, begleitet werden müssen.
Je nach Alter des Kindes wird auch die passende Beschäftigungsform, nach erfolgter "Informationsarbeit", gemeinsam ausgewählt. Zeitlich ins Gewicht kann aber insbesondere das hohe Maß an erforderlicher Zuarbeit fallen, zu der nicht nur die mütterlichen Chauffeurdienste zu den entsprechenden Veranstaltungen gehören.

"Und es werden Vorbereitungen nötig: Anmelden, Einkaufen von Zubehör, Wege. All das kostet Zeit und verlangt wiederum besondere Fähigkeiten: Antizipieren, Zeitplanen, Koordinieren, Synchronisieren."[2]

---

[1] Beck-Gernsheim 1988, S.93

[2] H. Zeiher, Kindheit: Organisiert und isoliert, in: Psychologie Heute, Februar 1990, S.22

Der Kinderalltag heute muß "gemacht", muß organisiert werden. "Die naturwüchsige Kindheit ist in vielerlei Hinsicht vorbei, die "Inszenierung der Kindheit" beginnt."[1]

Daß selbst die Freizeit möglichst sinnvoll gestaltet werden muß, ist jedoch nicht nur ein Resultat des Anspruchs auf bestmögliche Förderung, sondern auch der Lebensbedingungen von Kindern in modernen, hochindustriellen Gesellschaften. Zu denken ist hier sicherlich in erster Linie an die - im Zuge des Geburtenrückgangs seit Mitte der sechziger Jahre - zunehmende Zahl von Einzelkindern[2]: Immer mehr Kinder wachsen in den letzten Jahren ohne Geschwister, die sie betreuen oder mit denen sie spielen könnten, auf, d.h. Kontakte zu anderen Kindern müssen damit oft erst hergestellt werden.

"Auch private Kontakte zu anderen Kindern erfordern gezielte Suche, Zeitorganisation, oft auch längere Wege, wenn in der Nachbarschaft keine Kinder anzutreffen sind, wenn Kontakte eher aus dem gemeinsamen Besuch des Kindergartens oder der Schule entstehen als aus der Wohnnachbarschaft."[3]

Gekennzeichnet sind die kindlichen Alltagsbedingungen ferner durch eine zunehmende Verarmung der natürlichen (Spiel)Umwelt des Kindes, durch entsprechende Anregungsdefizite, die die Eltern kompensieren müssen sowie durch Gefahren, vor denen sie die Kinder schützen müssen. Ausgehend beispielsweise von der wachsenden Verkehrsdichte[4], die es, im Gegensatz noch zu der ersten Nachkriegszeit, in vielen Wohngebieten nicht mehr ratsam erscheinen läßt, den Nachwuchs unbeaufsichtigt auf der Straße spielen zu lassen.

---

[1] Beck-Gernsheim 1987, S.33

[2] 1986 betrug die durchschnittliche Kinderzahl pro Familie, einschließlich der kinderlosen Ehepaare, 1,4 (vgl. R. Lempp, Familie im Umbruch, München 1986, S.57). Rund 40% der Familien sind heute sogenannte Ein-Kind-Familien (vgl. Zeiher 1990, S.20).

[3] Zeiher 1990, S.22

[4] Während 1956 in der Bundesrepublik nur 5,7 Mio. Kraftfahrzeuge registriert waren, stieg ihre Zahl bis 1980 auf 27 Mio. Statistisches Bundesamt 1957 und 1981, n. Rerrich 1983, S.427

Im Haus, in der Wohnung sind Kinder heute also zunehmend "isoliert", draußen zunehmend gefährdet.

Sicherlich wurde angesichts dieses erhöhten Betreuungsbedarfs der Ausbau der Kindergärten seit Mitte der sechziger Jahre[1] als große Entlastung erlebt. Entbindet er doch zumindest die Mütter von Kindern ab drei Jahren von der Verpflichtung zu durchgehender Präsenz.
Ähnlich müßte es sich eigentlich auch mit einer weiteren familienergänzenden außerhäuslichen Erziehungsinstitution, der Schule, verhalten. Hier scheint die Entwicklung jedoch fast in die umgekehrte Richtung zu führen: Schule wurde immer mehr zu einem die Familie belastenden Faktor, seit sie begann, "die Kinder und Eltern namentlich schulpflichtiger Kinder durch die Erfahrung gesteigerter Leistungsansprüche in einem Maße in die Pflicht zu nehmen, das neu und ungewohnt ist."[2]
Aufgrund der existierenden innerfamilialen Arbeitsteilung dürften es in der Regel vor allem die Mütter sein, die hier angesprochen sind und die sich zu der zum Teil fraglos vorausgesetzten "Unterstützungsarbeit" verpflichtet fühlen. Sie hören zu, motivieren, muntern auf, trösten. Neben der - angesichts des vielzitierten "Schulstreß" verstärkt wahrzunehmenden - Funktion des psychischen Spannungsausgleichs engagieren sie sich aber auch alltagspraktisch bei der Hausaufgabenbetreuung, durch die Teilnahme an Elternabenden, Mithilfe bei Schulfesten u.ä.

Die Institutionalisierung von Bildungs-, Erziehungs- und Sozialisationsaufgaben brachte damit, im zeitgeschichtlichen Vergleich, also auch neue Herausforderungen mit sich und nicht nur, wie häufig betont, Entlastung für die Mütter durch die Eröffnung zeitlicher Freiräume. Ohnehin relativieren sich diese, wenn man sich

---

[1] Die Erweiterung ist im Zusammenhang mit der wachsenden Müttererwerbstätigkeit, der Zunahme von Einzelkindern und dem erwähnten Förderungsanspruch zu sehen. Mittlerweile ist der Kindergartenbesuch zu einer Art Regelerfahrung geworden: "Stand 1960 nur für eins von drei Kindern im Alter von drei bis sechs Jahren ein Kindergartenplatz bereit, konnten 1981 bereits vier von fünf Kindern einen Kindergarten besuchen." Frevert 1986, S.258 u. S.259

[2] von Trotha 1990, S.467

die von den "Kinderinstitutionen" vorgegebenen, in die Familie hineinwirkenden Zeitstrukturen vergegenwärtigt: Die Schulzeiten ebenso wie die ungünstigen Öffnungszeiten der Kindergärten, die zumindest eine ganztägige Erwerbsarbeit der Mutter sehr erschweren.

Halten wir fest: Schulkindheit, Stadtkindheit, aber auch die "historisch beispiellose Pädagogisierung und Psychologisierung der Kindheit"[1] brachte für die Erziehungsrealität spezifisch neue Belastungsmomente. Die neue kindzentrierte Erziehungsform impliziert intensivere Beschäftigung und mehr Betreuung, sie erfordert, je nach Alter des Kindes, viel Zeit, Energie und Diskussionsbereitschaft. Das bedeutet ohne Frage eine Bereicherung, aber eben auch eine Zunahme der psychischen Beanspruchung.

Zu betonen ist, daß dieser Wandel in der Arbeit mit Kindern, eine Komponente der immateriellen Hausarbeit, eng mit den Veränderungen in den hauswirtschaftlichen Arbeitsbereichen verknüpft ist.
Erst als die materielle Hausarbeit im Zuge der Haushaltstechnisierung reduziert werden konnte, wurden Kapazitäten frei, um den oben beschriebenen Aufwand überhaupt leisten zu können.

"The comparative leisure that was created through the industrialization of housework has made possible an increased attention to the child care role of the mother."[2]

Waren die Frauen bis in die sechziger Jahre allein von der physischen Versorgung der Familienmitglieder absorbiert, so schufen moderne Haushaltsgeräte wie der Waschvollautomat Freiräume, in denen sich eine Intensivierung der sozialisatorischen Aufgaben vollziehen konnte. So erinnert sich beispielsweise eine von

---

[1] Rerrich 1990, S.149

[2] M. Eichler, "The Industrialization of Housework", in: E. Lupri (Hrsg.), The Changing Position of Women in Familiy and Society, Leiden 1983, S.439

Silberzahn-Jandt befragte Frau: "Ja, ich habe die gesparte Zeit bemerkt. Ich konnte mich viel mehr mit meinem Kind beschäftigen."[1]

Läßt man die Entwicklung der Hausarbeit nach dem Zweiten Weltkrieg Revue passieren, so fällt vor allem die Verschiebung innerhalb des Zeitaufwands für die verschiedenen Bereiche der Hausarbeit auf. Wiesen die Zeichen bei der materiellen, technisierbaren Hausarbeit in Richtung Freisetzung, so schien der Wandel in der Arbeit mit Kindern nicht unbedingt auf eine Verminderung des Angebundenseins der Frau an Haus und Familie hinauszulaufen.

Wurden also doch, entsprechend der anfangs aufgestellten These, die durch Technik ermöglichten Freiräume kompensiert - und zwar durch Anspruchssteigerungen an Erziehung und Sozialisation der Kinder?
Daß die erwünschte Bindung zum Kind jedoch nicht unbedingt die permanente Anbindung bedeutet, daß die potentiellen Technisierungsgewinne nicht vollständig in die Familie reinvestiert wurden, werde ich im nächsten Abschnitt zeigen. Hier werde ich dem oben bereits erwähnten Zusammenhang zwischen Haushaltstechnisierung und der seit den fünfziger Jahren signifikant gestiegenen Erwerbstätigkeit von Ehefrauen und Müttern nachgehen.
Auf welchem Hintergrund vollzog sie sich, was waren die Motive der Frauen und unter welchen Bedingungen veränderten sie sich?

---

[1] Silberzahn-Jandt 1991, S.40

4.3 Die "Entfamiliarisierung"[1] der Frau und die Rolle der Haushaltstechnisierung

Während der Anteil der Frauen an allen Erwerbstätigen seit über hundert Jahren mit 36% erstaunlich konstant bleibt[2], begannen sich seit den fünfziger Jahren gravierende Veränderungen hinsichtlich der Struktur der Frauenerwerbsarbeit abzuzeichnen.

Es waren, spektakulär genug, nicht nur die verheirateten Frauen[3], die zunehmend auf den Arbeitsmarkt drängten, sondern auch die Mütter. "Außerhäusliche Berufstätigkeit von Müttern ist ein neues soziales Phänomen seit Beginn der Bundesrepublik."[4]
Stand 1950 erst jede vierte Mutter mit Kindern unter 15 Jahren im Erwerbsleben, so elf Jahre später schon jede dritte, wobei hinzuzufügen ist, daß die Mehrzahl dieser Frauen als "mithelfende Familienangehörige" arbeitete. Eine außerhäuslich erwerbstätige Mutter hatten 1961 11,5% der Kinder unter 18 Jahren, aber bereits fast 20% der Kinder unter 6 Jahren.[5]
Die Zunahme der Müttererwerbstätigkeit um 74%[6] ging demnach in Deutschland im Gegensatz zu den USA vor allem auf die verstärkte Berufsausübung von Müttern mit kleinen, noch nicht schulpflichtigen Kindern zurück. Neu war, daß

---

[1] Inwieweit dieser von von Trotha verwendete Ausdruck (1990, S.459) gerechtfertigt ist, wird im folgenden zu prüfen sein.

[2] U. Beck, Risikogesellschaft. Auf dem Weg in eine andere Moderne, Frankfurt am Main 1986, S.126. Vgl. auch A. Willms, Grundzüge der Entwicklung der Frauenarbeit von 1880 bis 1980, in: W. Müller/A. Willms/J. Handl, Strukturwandel der Frauenarbeit 1880-1980, Frankfurt am Main/New York 1983

[3] War 1950 erst ein Viertel der Ehefrauen erwerbstätig, stieg diese Zahl bis 1960 schon auf fast ein Drittel. Vgl. E. Pfeil, Die Frau in Beruf, Familie und Haushalt, in: F. Oeter, Familie und Gesellschaft, Tübingen 1966, S.145

[4] I.N. Sommerkorn, Die erwerbstätige Mutter in der Bundesrepublik: Einstellungs- und Problemveränderungen, in: R. Nave-Herz 1988, S.117

[5] E. Pfeil, Die Berufstätigkeit von Müttern, Tübingen 1961, S.14f.

[6] Pfeil 1966, S.145

die verheirateten Frauen die Berufsaufgabe nach der Geburt des ersten Kindes immer länger hinausschoben oder sogar bis zur Geburt des 2. oder 3. Kindes warteten.

Elisabeth Pfeil versuchte in ihrer großangelegten empirischen Studie "Die Berufstätigkeit von Müttern" (1961), der das Verdienst zukommt, eine bisher nicht mehr erreichte Pionierarbeit geleistet zu haben, diesem geänderten Erwerbsverhalten auf den Grund zu gehen und forschte nach den die Frauen leitenden Motiven.

"Zweifellos ist der heutige Haushalt leichter und mit weniger Arbeitskräften zu bewältigen als der Haushalt von einst mit seiner umfangreichen Vorratswirtschaft für einen großen Kreis von Menschen: er setzt einen Teil der weiblichen Arbeitskräfte frei; kleine Familien beanspruchen die Kraft der Hausfrau nicht mehr ihr ganzes Leben lang."[1]

Sah Pfeil bereits Ende der fünfziger Jahre im Zusammenhang mit einer zunehmenden "Funktionseinschränkung des Hauswesens"[2] in personeller, räumlicher und inhaltlicher Hinsicht erstmals auch bei Müttern breiter Schichten das Gefühl des Unausgefülltseins auftauchen, so spielte der Mangel an Beschäftigung als Motiv der Arbeitsaufnahme noch so gut wie keine Rolle.

"... so daß am Ende nur jede siebte Befragte der Ansicht ist, daß der Haushalt ihrem Beschäftigungsdrange nicht genügte. Es sind fast stets Mütter von einem einzigen Kind, die die Erfahrung gemacht haben - oder fürchteten, sie zu machen -, als Nur-Hausfrau mittags fertig zu sein und nicht zu wissen, was dann? Es besteht also Grund, das weitverbreitete Urteil, der heutige Haushalt sei funktionsarm, zu revidieren."[3]

Dies klingt plausibel, wenn man sich das beschriebene, äußerst niedrige technische Ausstattungsniveau in der frühen Nachkriegszeit und das entsprechende Ausmaß der zu bewältigenden Hausarbeit vergegenwärtigt. In den Genuß elektrischer Haus-

---

[1] Pfeil 1961, S.284
[2] Ebd., S.28
[3] Ebd., S.224

haltsgeräte kamen die wenigsten Frauen in der Anfangszeit der Doppelbelastung, nach Pfeils Recherchen war ihre Beschaffung vielmehr ein Grund für die Mitarbeit der Frau: Der Wunsch nach maschinellen Haushaltshelfern, der "noch einige Jahre als Arbeitsmotiv wirksam werden"[1] sollte, bildete eine Komponente des sich in den Interviews herauskristallisierenden Hauptmotivs in den breiten Schichten, dem sogenannten Aufbaumotiv.[2]

Pfeil zufolge waren es damit vor allem die steigenden Konsumansprüche, der Wunsch nach Erhöhung des Lebensstandards, der "eine neue Form von Nötigung für die Mitarbeit der Ehefrau"[3] bewirkte. Scheint das Wort "Nötigung" auf den ersten Blick auch übertrieben, so wird sein Gebrauch verständlicher, wenn man bedenkt, daß tendenziell nur die Berufstätigkeit der Frauen aus den gehobenen Schichten persönlichkeitsorientiert war. In den breiteren Schichten, in denen sich die Frauen noch uneingeschränkt über die Hausfrauen- und Mutterrolle definierten, wurde sie dagegen, im Einklang mit den gesellschaftlichen Wertvorstellungen, vorwiegend "als Leistung und Pflicht gegenüber der Familie"[4] verstanden. Ein "Dienst", der allerdings nur geschätzt wurde, wenn er zielorientiert und temporär erbracht wurde.

Dies sollte sich jedoch bald ändern.

Stellte Pfeil bereits bei den von ihr befragten Frauen einen, im Zusammenhang mit der Berufserfahrung stehenden Motivwandel fest, so begann sich dieser Ende der sechziger Jahre auch gesamtgesellschaftlich abzuzeichnen.

"Wenn wir den damaligen Befund und die in ihm sich andeutenden Entwicklungstrends richtig deuten, so wird inzwischen eine weitere Verlagerung stattgefunden haben von den notwendenden auf die lebenssteigernden Motive, von den kurzfristigen auf längerfristige, von der familienorientierten auf persönlichkeitsorientierte Arbeit der Mütter."[5]

---

[1] Vgl. Ebd., S.290
[2] Ebd., S.78
[3] Ebd., S.20
[4] Schelsky 1955, zit. n. Sommerkorn 1988, S.121
[5] Pfeil 1966, S.152

Es ist der seit den späten sechziger Jahren immer deutlicher formulierte "Anspruch auf ein Stück "eigenes Leben""[1] und die damit verbundene zunehmende Berufsorientierung, die diese Generation von Frauen von ihren Vorgängerinnen unterscheidet. Mit ihr haben sich nicht nur die Motive einer Arbeitsaufnahme und Dauer bzw. Rhythmus der Erwerbstätigkeit geändert, auf dieser neuen Basis stieg auch die Zahl der erwerbstätigen Mütter in den letzten drei Jahrzehnten kontinuierlich an, wie die folgende Tabelle zeigt.

Zwischen 1950 und 1988 stieg die Erwerbsquote von Müttern und verheirateten Müttern mit Kindern bis zu 14 Jahren in folgender Weise (vgl. Nave-Herz 1988c, S. 299, Tabelle 2; Statistische Jahrbücher der BRD 1982, 1989; Deutscher Bundestag 1979, S. 24).

	Erwerbsquote (in Prozent) in den Jahren					
	1950	1961	1970	1976	1981	1988
Mütter mit Kindern						
unter 3 Jahren	—	29,7	31,5	31,5	—	31,5
unter 6 Jahren	—	31,3	30,4	34,0	36,4	35,2
unter 15 Jahren	22,8	34,6	34,8	40,0	42,6	42,1
verheiratete Mütter mit Kindern						
unter 3 Jahren		—	28,0	26,6	30,7	—
unter 6 Jahren		—	29,7	29,0	32,9	35,7
unter 15 Jahren	22,5[1]	21,8[2]	32,6	33,1	38,4	44,2

1 verheiratete Mütter mit 1 Kind
2 verheiratete Mütter mit 2 Kindern

Abb. 19: v. Trotha 1990, S.460

Bevor ich das neue Muster der weiblichen Erwerbstätigkeit genauer untersuchen werde, möchte ich zuerst in aller Kürze die ihm zugrundeliegenden veränderten Rahmenbedingungen ins Bewußtsein rufen.

Welche gesellschaftlichen Entwicklungen erhöhten die Freisetzungschancen der Frau, die Chance zur langfristigen Ausübung einer eigenorientierten Erwerbs-

---

[1] Beck-Gernsheim, E., Vom "Dasein für andere" zum Anspruch auf ein Stück "eigenes Leben": Individualisierungsprozesse im weiblichen Lebenszusammenhang, in: Soziale Welt, 34.Jg. 1983, Heft 3

tätigkeit, zweifellos dem Kernpunkt des weiblichen "Individualisierungsprozesses"?[1]

Entscheidend für den Wandel des Rollen- und Selbstverständnisses der Frau, eine zentrale Voraussetzung für die in Gang gekommenen Bewußtwerdungsprozesse war sicherlich die, aus der Bildungsreform der sechziger Jahre resultierende verstärkte Bildungsbeteiligung von Mädchen.

Die "geradezu revolutionäre Angleichung in den Bildungschancen"[2] und die längere und bessere Schul- und Berufsausbildung bildete zudem eine günstige Basis für die Rezeption der Ideen der neuen Frauenbewegung, deren meinungsbildender Einfluß im gesamten Zeitverlauf nicht zu unterschätzen ist. Unterstützung bekam ihr Votum für eine Emanzipation der Frau aus der einen ihr qua Geschlecht zugewiesenen Rolle Ende der siebziger Jahre auch von rechtlicher Seite: Erst 1977 wurde im Zuge des neuen Ehe- und Familienrechts der Paragraph 1356 im BGB geändert, der die Haus- und Familienarbeit prinzipiell in den Zugehörigkeitsbereich der Frau verwies. Statt "Die Frau führt den Haushalt in eigener Verantwortung. Sie ist berechtigt, erwerbstätig zu sein, soweit dies mit ihren Pflichten in Ehe und Familie vereinbar ist" heißt es nun "Die Ehegatten regeln die Haushaltsführung in gegenseitigem Einvernehmen. (...) Beide Ehegatten sind berechtigt, erwerbstätig zu sein."[3]

Erstmals stand damit in der Gesetzgebung die Arbeits- und Rollenteilung der Geschlechter zur Disposition...

Konfrontiert mit diesem Fortschritt im Rechtsbereich, neuen emanzipatorischen Gedanken und besser ausgebildet, kamen auch die Veränderungen im Erwerbsbereich für die Frauen zur rechten Zeit. Der Bedarf an Arbeitskräften war im

---

[1] Die von U. Beck (1983) entwickelte Individualisierungs-these beschreibt die sich im Übergang zur modernen Gesellschaft vollziehende Herauslösung des Menschen aus traditionellen Bindungen und Bezügen (z.B. Familienwirtschaft, Stand und Religion). Vgl. Beck 1986, S.115f.

[2] Ebd., S.165

[3] Gerhardt/Schütze, Vorwort zu: Dies., 1988, S.8

Zuge der wirtschaftlichen Hochkonjunktur der sechziger Jahre und der Expansion des Dienstleistungssektors schon lange nicht mehr allein mit Männern oder ledigen Frauen zu befriedigen. Die Entwicklungstendenz, die Pfeil 1961 konstatierte, sollte sich in den sechziger Jahren voll entfalten: "Die allgemeine Entwicklungstendenz, die Produktion zu steigern und die Arbeitszeit zu verkürzen, hat man in der Formel zusammengefaßt: Es werden immer mehr Menschen immer kürzer arbeiten. Die Teilfreistellung des Familienvaters ist begleitet von einer Beteiligung der Familienmutter am Produktionsprozeß"[1] - eine Veränderung, die sicherlich auch von der allgemeinen Arbeitszeitverkürzung begünstigt wurde, die in der folgenden Abbildung dargestellt wird.

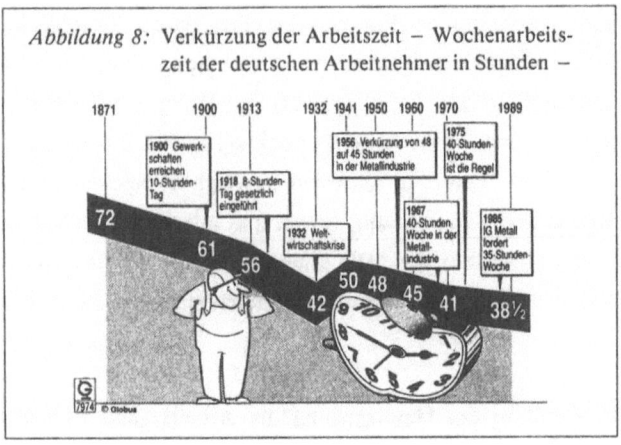

Abb. 20: Rerrich 1990, S.88

Last but not least scheint die Tatsache, daß seit den letzten drei Jahrzehnten sich immer mehr Mütter aus einer veränderten Motivlage heraus und zunehmend nach einem anderen Rhythmus am Produktionsprozeß beteiligen (können), aber vor allem den bereits besprochenen Veränderungen in Haushalt und Familie zu verdanken zu sein.

---

[1] Pfeil 1961, S.21

Das in der Studie "Die Wirklichkeit der Hausfrau" von Helge Pross Mitte der siebziger Jahre zutage tretende wachsende Ungenügen an der Hausfrauenrolle ist sicherlich nicht nur mit den bewußt gewordenen Nachteilen der ökonomischen Abhängigkeit bzw. der Unmöglichkeit einer selbständigen Statusgewinnung zu erklären.

"Die verschiedenen Abhängigkeiten (...) sind historisch zwar alles andere als neu. Sie bestanden früher in wesentlich schärferer Form. Trotzdem sind sie jetzt weniger leicht zu ertragen, weil der Anspruch an die individuelle Selbständigkeit in der ganzen Gesellschaft gestiegen ist, weil das Verlangen nach Sicherheit eher zugenommen hat und weil die verlängerte Lebenserwartung der Frau bei gesunkenen Kinderzahlen nach fünfzehn bis zwanzig Ehejahren ein Aufgabenvakuum schafft."[1]

Mit zu diesem Aufgabenvakuum beigetragen hat in diesem Zeitraum nicht nur die Verkleinerung der Haushalte, sondern auch ihre Technisierung. Hausarbeit, verrichtet in einem "Maschinenpark" von einer Frau, die beispielsweise nur ein Kind zu versorgen hatte, wurde selbst bei gestiegenen Ansprüchen nicht mehr als full-time-job gewertet. Weder von den Frauen selbst noch gesellschaftlich, wie Pfeil kritisch anmerkt. Ihrer Einschätzung zufolge wurde bereits in den sechziger Jahren "eine Abwertung der Nur-Hausfrau, der Nur-Mutter" eingeleitet, gerieten diese Frauen zunehmend "in eine Rückzugs- und Verteidigungsposition"[2] - eine Entwicklung, die sicherlich auch mit der durch Haushaltstechnik vereinfachten Haushaltsführung im Zusammenhang zu sehen ist.
Leistete sie auf der einen Seite einen Beitrag zur "Diskriminierung", so half sie auf der anderen Seite den Frauen ihren Wunsch, trotz häuslicher Verpflichtungen erwerbstätig zu sein, nicht nur zu realisieren, sondern auch zu legitimieren: Dem Ideal zufolge war die Hausarbeit ja fortan dank moderner Helfer, von den Elektrogeräten über die Reinigungsmittel bis hin zu den Fertigprodukten, sogar neben

---

[1] Pross 1976, S.252
[2] Pfeil 1966, S.159

einer Erwerbstätigkeit mühelos zu bewältigen[1] - und das ohne, daß Haushalt oder Familie leiden mußten.

Halten wir fest: Es waren vor allem die oben ausführlich dargestellten Technisierungsprozesse, aber auch die "demographische Freisetzung der Frauen"[2], die die Suche nach einem Äquivalent für die lebenslange, exklusive Hausfrauen- und Mutterrolle erst möglich und in gewissem Sinn auch nötig machte.
Zwar intensivierte sich die Erziehungsarbeit, zum einen erstreckte sie sich aber auf weniger Kinder[3] und auf einen kürzeren Zeitraum, zum anderen wurde ihre physische Versorgung, wie oben dargestellt, vereinfacht.

"Still, if mothers of young children have to work or wish to work, the decision is made easier by virtue of the fact that the physical care of the children has been simplified by modern technology."[4]

Das "Dasein für Kinder", generell für die Familie, konnte den Frauen aufgrund der geänderten Rahmenbedingungen und ihrer eigenen Bewußtseinsveränderungen nicht mehr genügen, in ihrer Suche nach einem erfüllten Leben wurden sie immer stärker auf die Erwerbstätigkeit verwiesen.

Inzwischen ist die sich durch alle Schichten ziehende verstärkte Berufsorientierung der Frauen, selbst der mit kleinen Kindern, auch empirisch gut dokumentiert.[5] Junge Frauen planen nicht nur eine der Grundrichtung nach lebenslange Berufstätigkeit, sie unterbrechen sie auch realiter für einen immer kürzeren Zeitraum während der Phase der aktiven Mutterschaft. Selbst das Defizit in der außerhäus-

---

[1] Vgl. Pross 1976, S.17

[2] Beck 1986, S.182

[3] Bei mehr als einem oder zwei Kindern wäre ein entsprechender Aufwand auch nicht zu leisten.

[4] W.F. Ogburn/M.F. Nimkoff, Technology and the Changing Family, Cambridge/Mass. 1955, S.150

[5] Vgl. Y. Schütze, Mütterliche Erwerbstätigkeit und wissenschaftliche Forschung, in: Gerhardt/Schütze 1988, S.133; Sommerkorn 1988, S.136

lichen Betreuung von Kindern unter drei Jahren verpflichtet sie nicht mehr ausschließlich auf die Mutterrolle.

Bereits 1979 kristallisierte sich der Trend der zunehmenden Verkürzung der Unterbrechungszeiten deutlich heraus: Unterbrach damals schon ein Drittel der erwerbstätigen verheirateten Mütter im Alter von 35 Jahren und mehr die Berufstätigkeit für weniger als ein Jahr[1], so stellen aktuelle Statistiken eine, allerdings von der Berufsqualifikation abhängige, wachsende Tendenz zu einer ununterbrochenen Erwerbstätigkeit fest.

"Die Statistik zeigt, daß nicht einmal jede zweite erwerbstätige Mutter unter 35 Jahren ihre Erwerbstätigkeit unterbricht. Je qualifizierter der Beruf, umso kürzer die Unterbrechungszeiten."[2]

Dieser epochale Strukturwandel der weiblichen Erwerbstätigkeit, die zunehmend durchgehende oder nur von kurzen Pausen unterbrochene Berufstätigkeit als Bestandteil der weiblichen Normalbiographie, ist zweifellos der bedeutsamste und folgenreichste Faktor des Wandels der Frauenrolle - für die Frau selbst, aber auch, wie ich später zeigen werde, für Familienleben und Haushaltsorganisation.

Angesichts der immer häufiger, insbesondere von "frauenbewegten" Frauen hervorgebrachten Kritik an der Arbeitswelt und an männlichen Lebensmustern, erscheint es mir an dieser Stelle notwendig, im Gegenzug auch noch einmal die mit einer Berufstätigkeit potentiell verbundenen Emanzipationschancen in Erinnerung zu rufen.

Es sind nicht nur die vielfältigen, in ihrer Bedeutung nicht zu unterschätzenden Implikationen des selbstverdienten, des eigenen Geldes, die die Erwerbstätigkeit

---

[1] H. Bertram/R. Borrmann-Müller, Von der Hausfrau zur Berufsfrau? Der Einfluß struktureller Wandlungen des Frauseins auf familiales Zusammenleben, in: Gerhardt/Schütze 1988, S.256

[2] Presse- und Informationsamt der Bundesregierung 1990, zit. n. Hampel u.a. 1991, S.89. Problematisch an dieser Statistik ist allerdings die fehlende Differenzierung nach dem Familienstatus. Klar ist z.B., daß alleinerziehende Mütter aus finanziellen Gründen oft zu einer durchgehenden Erwerbstätigkeit gezwungen sind.

so bedeutsam machen. Hinzu kommt - und das ist für viele Frauen das Entscheidende -, daß sie zudem Kontakt- und Erfahrungsmöglichkeiten bietet, Anerkennung und Selbstbestätigung gibt.[1]
Zwar wird gerade von Müttern oft der Belastungsaspekt betont, als positiv wird jedoch auch immer wieder die Erfahrung einer nicht-familien- bzw. -kindbezogenen "Gegenwelt" und die damit verbundene Horizonterweiterung herausgestrichen.

Angesichts all dieser möglichen Effekte ist Heide Pfarr in ihrer Beurteilung der Bedeutung der Erwerbstätigkeit für die Emanzipation sicher zuzustimmem:

"Also: Will frau weg von der geschlechtlichen Arbeitsteilung, wird ökonomische Unabhängigkeit als Voraussetzung für Mündigkeit und damit Emanzipation beider Geschlechter gesehen - dann gibt es keine Alternative zur Erwerbsarbeit für Frauen."[2]

Doch bis dahin ist es noch ein weiter Weg!
Zwar wurden die Frauen im Zuge der "sozialstrukturellen Revolution" der Berufstätigkeit von Ehefrauen und Müttern aus den traditionellen Rollenzuweisungen freigesetzt, mit der Veränderung der Arbeitsteilung, dem Thema des nächsten Abschnitts, wie auch mit der finanziellen Selbständigkeit hapert es allerdings noch.
Sie wurden freigesetzt, aus der unmittelbaren Bindung an die Familie zunehmend herausgelöst, aber eben nur *teilweise*. Der von von Trotha beschriebene Prozeß der Entfamiliarisierung ist relativ zu verstehen: Im Vergleich zu früheren Frauengenerationen ist der Ausdruck zweifellos angemessen, im Vergleich zu den Männern heute jedoch nicht.
Wie die nachstehenden Ausführungen zeigen sollen, ist der Entfamiliarisierungsprozeß der Frauen entsprechend ihrer Bindung an das Kind und der daraus resultierenden unvollständigen Berufsintegration nur ein *partieller*.

---

[1] Diese Möglichkeiten bieten nicht nur hoch qualifizierte Arbeitsplätze, sondern prinzipiell auch die häufig niedrig qualifizierten "Frauenarbeitsplätze".

[2] Pfarr, H., Mit dem "Ja" zum Kind sackt die weibliche Berufsbiographie ab. Von der Illusion einer beliebigen Vielfalt der Lebensentwürfe der Frau, in : Frankfurter Rundschau, 3.Dezember 1991

Zum einen darf prinzipiell nicht vergessen werden, daß trotz der insgesamt gegenläufigen Entwicklungstendenz und "trotz positiver Bewertung (der Doppelrolle, d. V.) rund 60% der Mütter mit Kindern" bzw. 80% der verheirateten Frauen unter 40 mit (einem) Kleinkind(ern) unter 6 Jahren nicht erwerbstätig sind.[1] Zum anderen muß man auch sehen, daß zwar die Unterbrechungszeiten, wie oben dargestellt, immer kürzer werden, aber es noch immer, bis auf wenige löbliche Ausnahmen, die Frauen sind, die den beiden Elternteilen wahlweise zustehenden Erziehungsurlaub beanspruchen oder die sogar darüberhinaus die Berufstätigkeit unterbrechen.[2]

Es sind die Mütter, die pausieren, oder die zugunsten des Kindes das Ausmaß ihrer Erwerbstätigkeit reduzieren. Sie stellen rund 60% der Teilzeitbeschäftigten.[3] Der Entwicklung zur "Teilzeithausfrau-und-Teilzeitmutter"[4] entsprach demgemäß die - auch vor dem Hintergrund fehlender Kinderbetreuungsmöglichkeiten zu sehenden - zur "Teilzeitberufsfrau".

Sind beide "weiblichen" Lösungsmuster in verschiedener Hinsicht durchaus zu begrüßen - zum Wohle des Kindes sowie als mögliche Bereicherung im Leben der Frau -, so muß man sich doch auch klarmachen, daß beide, je spezifisch, tendenziell eine Absage an die eigenständige Existenzsicherung und/oder an die berufliche Karriere implizieren.

Als Teilzeitarbeitsplätze werden bisher vorwiegend gering qualifizierte und gering entlohnte Tätigkeiten angeboten: "80% der Teilzeitbeschäftigten beziehen ein

---

[1] Bertram/Borrmann-Müller 1988, S.258 und Glatzer/Herget 1984, n. Rerrich 1990, S.123. Hinzuzufügen ist, daß sich die Datenbasis in beiden Fällen auf das Jahr 1984 bezieht.

[2] Der Vollständigkeit halber muß jedoch erwähnt werden, daß die Männer, die die Erwerbstätigkeit unterbrechen oder reduzieren, zwar eine Minderheit darstellen, jedoch immerhin eine wachsende, wie die Untersuchung von Strümpel (1988) belegt. Vgl. E. Beck-Gernsheim, Arbeitsteilung, Selbstbild und Lebensentwurf. Neue Konfliktlagen in der Familie, in: Soziale Welt, 43.Jg. 1992, Heft 1, S.284

[3] Bundesminister für Jugend, Familie und Gesundheit 1984, n. Bertram/Borrmann-Müller 1988, S.253. Die Aussage bezieht sich auf Mütter mit Kindern unter 18 Jahren.

[4] von Trotha 1990, S.459

Monats-Nettoeinkommen von weniger als 1000 DM, jeder dritte bleibt weniger als 540 DM" - sicherlich eine Erklärung für die Tatsache, daß ebenfalls 80% dieser Gruppe in einem Haushalt mit einer vollerwerbstätigen Person leben (müssen!).[1] Da bei dieser Form von Erwerbstätigkeit zudem auch selten Weiterbildungs- und Aufstiegschancen vorhanden sind, bedeutet die Entscheidung für sie zumeist eine Entscheidung für die Familie, zuungunsten der eigenen Berufslaufbahn.

Noch sind in aller Regel sowohl Existenzsicherung als auch Karrierechancen an die Normalarbeitsbiographie gebunden, d.h. an den möglichst lückenlos ausgeübten Vollzeitjob. Eine traurige Erkenntnis für die große Mehrheit der Frauen, die trotz den Nachteilen für die Berufsbiographie Kinder will.

Es ist dieser Wunsch bzw. die Bindung an das Kind, die als effektivster Stabilisator der traditionellen Frauenrolle Frauen noch immer stärker als Männer an die Familie bindet.

"Solange Frauen Kinder bekommen, Kinder stillen, sich für Kinder verantwortlich fühlen, in Kindern einen wesentlichen Teil ihres Lebens sehen, bleiben Kinder gewollte "Hindernisse" im beruflichen Konkurrenzkampf und Verlockungen für eine bewußte Entscheidung gegen ökonomische Eigenständigkeit und Karriere."[2]

Zumindest, so könnte man noch ergänzen, vor dem Hintergrund der existierenden gesellschaftlichen Rahmenbedingungen wie der Form der geschlechtlichen Arbeitsteilung, der Struktur bzw. den Bedingungen der Berufswelt und dem unzureichenden Ausmaß der familienergänzenden Kinderbetreuung, zeitigt die weibliche Doppelorientierung solche Konsequenzen.

War es auch unerläßlich, auf die "Unvollständigkeit" des Individualisierungsprozesses im weiblichen Lebenszusammenhang hinzuweisen und die These von der Entfamiliarisierung zu relativieren, so sollen am Ende dieses Abschnitts beim

---

[1] Pfarr 1991

[2] Beck 1986, S.184

Gesamteindruck auch die Gewinne für die Frauen in den letzten Jahrzehnten nicht verlorengehen.

Zwar ist die Integration der Frau in den Arbeitsmarkt weder quantitativ noch qualitativ mit der des Mannes zu vergleichen, daß sie aber überhaupt den jetzigen Stand erreicht hat, bedeutet einen immensen Fortschritt, einen Erfolg, der auch der Haushaltstechnisierung zu verdanken ist.
Sie war zwar keine notwendige Voraussetzung für die "sozialstrukturelle Revolution" der Ehefrauen- und Müttererwerbstätigkeit, deren Anfänge ja in den weitgehend "maschinen- bzw. automatenlosen" fünfziger Jahren liegen, fungierte aber, nach dem einleuchtenden, mit meinen Ausführungen kompatiblen Modell von Ruth Cowan Schwartz, als Katalysator.

"The washing machine, the dishwasher, and the frozen meal have not been causes of married women's participation in the workforce, but they have been catalysts of this participation: they have acted, in the same way that chemical catalysts do, to break certain bonds that might otherwise have impeded the process."[1]

Unumstritten scheint mir auch der Beitrag der Haushaltstechnisierung zur Veränderung der Struktur der weiblichen Erwerbstätigkeit einschließlich des entsprechenden Motivwandels. Allein aufgrund der enormen Inanspruchnahme durch die materielle Hausarbeit war das beschriebene "emanzipatorische" Erwerbsverhalten in den fünfziger Jahren kaum auszumachen.
Erst als die Arbeitskraft der Frau in einem kleineren und technisierten Haushalt weitaus weniger beansprucht wurde, erst als die Möglichkeit bestand, Arbeitszeit im Haushalt einzusparen, ohne einschneidende Einbußen bei den häuslichen Standards in Kauf nehmen zu müssen, konnte die Doppelorientierung zu einem integralen Bestandteil des weiblichen Lebensentwurfs werden. Erst unter diesen Bedingungen wurde eine langfristige, zunehmend kürzer unterbrochene und eigenorientierte Erwerbstätigkeit alltagspraktisch bewältigbar, und, auch das ist von vitaler Bedeutung, zunehmend gesellschaftlich akzeptiert.

---

[1] Schwartz Cowan 1983, S.208 u. S.209

Halten wir fest: Die Haushaltstechnisierung war ein wesentlicher "Freisetzungsfaktor"[1], der die Frau ein gutes Stück von der ausschließlichen Hausfrauen- und Mutterrolle bzw. ihrer Definition darüber löste, der sie aus Haus und Familie herausführte und der dazu beitrug, daß sie sich eine "neue" Welt erschließen konnte. Jedoch, und das ist der entscheidende Punkt an diesem Emanzipationerfolg, *zusätzlich* zur "alten" - was die Belastungsstruktur der Frauen insgesamt grundlegend veränderte.

Um auch die Kosten der Emanzipationschance Erwerbstätigkeit zu erfassen, werde ich mich im folgenden mit der Doppelbelastung als Spezifikum bzw. Konsequenz des Individualisierungsprozesses der Frau befassen - insbesondere im Hinblick auf die Frage nach dem Nutzen oder Schaden der Haushaltstechnik unter diesen gewandelten sozialstrukturellen und familialen Bedingungen.

Ist die Haushaltstechnik, wie manche Autor/inn/en behaupten, als Hilfe zur Bewältigung der Doppelrolle, ein Stabilisator des Status Quo der geschlechtlichen Arbeitsteilung? Oder sind ihre Stabilisatoren eher in den Rollenvorstellungen der Geschlechter zu suchen?

4.4 Der Preis der Müttererwerbstätigkeit: Die Doppelbelastung

Ist prinzipiell die gegenwärtige Belastung der erwerbstätigen Mutter aufgrund des Strukturwandels der Haus- und Familienarbeit, aber auch der Veränderungen im Erwerbsleben, nicht mit der in den fünfziger Jahren zu vergleichen, so scheint es zumindest in einer Hinsicht eine Parallele zu geben. Sie ist zwar "emanzipierter" und finanziell unabhängiger, aber sie findet sich noch immer, vor allem bei einer Ganztagsbeschäftigung, "meist in der fatalen Situation der permanent überforderten, doppelt und dreifach Belasteten mit oft dauerhaft schlechtem Gewissen."[2]

---

[1] Aber eben wie Ogburn/Nimkoff schreiben, "only one of a number of factors influencing the employment of women, and may be offset by other factors." S.153

[2] Pfarr 1991

Frauen haben heute zwar, und das ist sicher nicht hoch genug zu bewerten, erstmals die Entscheidungsmöglichkeit, die Möglichkeit, zwischen Beruf(skarriere) und Familie zu wählen, doch ist dabei nicht zu vergessen, daß diese Entscheidung tendenziell nur ihnen abverlangt wird und daß die Entscheidung für eine Verbindung von beidem vor allem ihre Biographie verändert. In der männlichen ist selbst eine karriereorientierte Vollzeiterwerbstätigkeit mit Familienexistenz in der Regel relativ unproblematisch zu kombinieren. Für die Frau aber heißt das extreme Doppel- bzw. Dreifachbelastung, wenn sie das zu realisieren wagt.

Fast selbstverständlich ist es - wie in den Ausführungen von Trothas - die Mutter, nicht der Vater, die "schon längst losgehastet (war, d.V.), ihr kleines Kind an der Hand, um es in den Kindergarten zu bringen, und auf dem Weg zu einer Erwerbsarbeit in der Fabrik oder im Büro."[1]

4.4.1 Stärkere Erwerbsbeteiligung der Frau - erhöhtes Engagement des Mannes in Haushalt und Familie?
Wandel und Kontinuität der innerfamilialen Arbeitsteilung

Belegen neuere empirische Untersuchungen zum Thema "Geschlechterverhältnis"[2] auch, "daß sich innerhalb der letzten Jahrzehnte sowohl Männer als auch Frauen in ihrem Selbstverständnis und aufeinander bezogenen Rollenverständnis geändert haben"[3], so sind sie sich doch einig über die Ungleichzeitigkeit des jeweiligen Rollenwandels. Frauen scheinen sich nicht nur rascher, sondern auch stärker verändert zu haben.
Im Zuge der Bedeutungszunahme ihrer Erwerbsrolle haben sie "zumindest partiell, vielfach implizit, manchmal explizit"[4] Gleichheitserwartungen, auch an die Ar-

---

[1] von Trotha 1990, S.461

[2] Vgl. S.Metz-Göckel/U. Müller, Der Mann. Die BRIGITTE-Studie, Weinheim/Basel 1986, sowie A. Hochschild, Der 48-Stunden-Tag. Wege aus dem Dilemma berufstätiger Eltern, Wien/Darmstadt 1990

[3] Beck-Gernsheim 1992, S.275

[4] Ebd.

beitsteilung, entwickelt, die Männer tendenziell so entweder nicht teilen, noch nicht realisiert haben oder selbst bei entsprechender verbaler Aufgeschlossenheit oft nicht demgemäß erfüllen.

Während Frauen die (fast durchgehende) Vereinbarkeit von Beruf und Familie anstreben, bejahen Männer der repräsentativen empirischen Studie "Der Mann" zufolge die Berufstätigkeit der Frau nur, "solange keine Kinder da sind. Dann wünschen sie die Kinderbetreuung durch die Mutter."[1]

Gestützt wird die These, daß sie mit ihren Vorstellungen von der Rollenaufteilung denen der Frauen nachhinken, auch von einer aktuellen Untersuchung über junge Familien, die zu dem Fazit kommt, daß Männer im Durchschnitt "die Erwerbstätigkeit von Frauen niedriger und die traditionelle Fixiertheit der Frau auf die Familientätigkeit höher (bewerten, d.V.) als die Frauen dies selbst tun."[2]

Zwar werden immer mehr Männer mit der Berufstätigkeit ihrer Partnerin und zunehmend auch mit der Forderung nach Unterstützung konfrontiert, Auswirkungen scheint dies bisher vor allem aber auf die Einstellungsebene, in Form einer "gedanklichen Emanzipation"[3] gehabt zu haben: Die Norm einer partnerschaftlichen Arbeitsteilung beginnt sich durchzusetzen, die Praxis dagegen verändert sich nur langsam.

Selbst aktuelle Forschungsergebnisse stufen den faktischen Wandel bei der Teilung der privaten Arbeit im Vergleich zum Strukturwandel in der außerhäuslichen Arbeit der Frauen als verhalten ein.[4]

Wie die folgenden Ausführungen zeigen werden, trägt die Frau noch immer die Hauptlast und die Hauptverantwortung für die Haus- und Familienarbeit, zusätzlich zur Berufsarbeit. Von einer Gleichverteilung der häuslichen Pflichten kann un-

---

[1] Metz-Göckel/Müller 1986, S.23

[2] Simm 1989, zit. n. Beck-Gernsheim 1992, S.275

[3] Schneewind/Vaskovics 1991, zit. n. Beck-Gernsheim 1992, S.275

[4] Vgl. Lempp 1986, sowie M. Votteler, Das Arbeitsleben familienfreundlicher umgestalten. Modelle der Vereinbarkeit von Familienaufgaben und Arbeitswelt, in: Landeszentrale für politische Bildung Baden-Württemberg (Hrsg.), Familienpolitik, Stuttgart/Berlin/Köln 1989

abhängig von der Erwerbsbeteiligung der Frau und der Familienstruktur, wie nachstehender Tabelle[1] zu entnehmen ist, keine Rede sein.

Tabelle 6.4:
Arbeitsbeteiligung des Mannes nach Familientyp und Erwerbsstatus der Frau

Familientyp	Erwerbsstatus der Frau				
	ganztags erwerbstätig	teilzeit erwerbstätig	Hausfrau	Sonstige	Gesamt
Junges Paar	3,0	-	-	(3,8)	3,0
Familie mit einem Kind	2,0	1,5	1,3	-	1,6
Familie mit mehreren Kindern	2,2	1,5	0,9	-	1,2
Älteres Paar	1,6	(0,9)	0,6	1,4	1,2
Sonst. Familie	-	(1,2)	0,5	-	1,0
Gesamt	2,5	1,4	0,9	1,6	1,5
N =	147	123	256	177	703

- Zellenbesetzung N < 15
(xxx) Zellenbesetzung 15 < N < 20

Datenbasis: Technikfolgensurvey 1988

Abb. 21: Hampel u.a. 1991, S.96

Zwar werden die vollerwerbstätigen Frauen insbesondere in kinderlosen jungen Paarhaushalten[2] stärker unterstützt als die teilzeitbeschäftigten - von denen der Studie zufolge immerhin fast 50% die Doppelbelastung ohne jegliche Mithilfe

---

[1] Die angegebenen Zahlen beziehen sich auf die Anzahl der von Männern übernommenen Haushaltstätigkeiten.

[2] Auf das Phänomen, daß mit der Geburt eines Kindes in der Regel eine Traditionalisierung der Rollen eintritt, werde ich in Abschnitt 4.4.3 eingehen.

bewältigen müssen -, aber selbst ihnen bleibt "noch weitaus mehr als die Hälfte der täglichen Arbeit im Haushalt überlassen."[1]
Auch in den USA, in denen die Zwei-Job-Familie zur gesellschaftlichen Norm geworden ist, bietet sich das gleiche Bild. Von den 52 Familien, die Hochschild über mehrere Jahre in regelmäßigen Abständen teilnehmend beobachtete und interviewte, teilten sich nur 20% Hausarbeit und Kindererziehung zur Hälfte.[2]
Ist es sicherlich auch als Fortschritt zu werten, daß männliche Mithilfe sich nicht mehr, wie hierzulande bis in die siebziger Jahre auf Einkauf und Abwasch beschränkt, sondern sich mittlerweile "sogar" auf den Hausputz und Kochen erstreckt, so hat sich doch, bedenkt man die im Vergleich zur Frau eher spärliche bzw. sporadische Übernahme hauswirtschaftlicher Tätigkeiten, an der weitgehenden "Hausarbeitsabstinenz" des Mannes nicht viel geändert.

"Alle sind sich offenbar einig - zwar nicht in ihrer Einstellung, aber in ihrem Verhalten -, daß Hausarbeit nicht von ihnen zu verrichten ist."[3]

Diese traurige Bilanz relativiert sich allerdings etwas, wenn man nach der Art der häuslichen Unterstützung differenziert.
Im Gegensatz zur materiellen Hausarbeit, die scheinbar noch immer eher als "Frauensache" gesehen wird, wird insbesondere von den jungen Männern die "Kinderbetreuung zunehmend als gemeinsame Aufgabe beider Elternteile"[4] begriffen.
Hier, bei der Vaterrolle ist der Wandel im männlichen Selbst- und Rollenverständnis und analog der familialen Arbeitsteilung am ehesten spürbar. Junge Väter beteiligen sich im Vergleich zu denen in den fünfziger und sechziger Jahren nicht

---

[1] Berger-Schmitt, R., Innerfamiliale Arbeitsteilung und ihre Determinanten, in: W. Glatzer/R. Berger-Schmitt, R. (Hrsg.), Haushaltsproduktion und Netzwerkhilfe. Die alltäglichen Leistungen der Familien und Haushalte, Frankfurt am Main/New York 1986

[2] Vgl. Hochschild 1990, S.241

[3] Metz-Göckel/Müller 1986, S.24

[4] Kössler 1984, zit. n. Bertram/Borrmann-Müller 1988, S.262

nur stärker am Sozialisationsprozeß ihrer Kinder[1], ihr Interesse setzt zudem viel früher ein.

Während der Vater "traditionell" bei Schwangerschaft, Entbindung, aber auch noch in der Säuglings- und Babyphase, im Vergleich zu den weiblichen Verwandten eher eine Statistenrolle übernahm, spielt der "neue Vater" heute neben der Frau von Beginn der Schwangerschaft, an der er bewußt teilnehmen will, die Hauptrolle. Er besucht mit ihr geburtsvorbereitende Kurse, ist bei der Entbindung dabei und beteiligt sich aktiv am Eingewöhnungsprozeß zuhause und auch später an der Alltagsgestaltung mit dem neuen Familienmitglied.

Zweifelsohne verschufen diese gravierenden Veränderungen in der Vaterrolle den Müttern Entlastung und Freiräume.

Aber: Der "neue Vater" mit Tragesack und Kinderwagen, der mit seinem Kind spazierengehende und spielende Vater ist heute - im Gegensatz zu den fünfziger Jahren - zwar ein vertrautes Bild, der die Windeln wechselnde, nachts aufstehende, die Hausaufgaben betreuende Vater hingegen sehr viel weniger.

Ist das Engagement der Männer bei der Kinderbetreuung auch deutlich höher als bei der Hausarbeit[2], so erscheint es doch in einem etwas anderen Licht, wenn man sich die Selektivität der Beteiligung vergegenwärtigt.

Erwiesenermaßen engagieren sich die Väter vor allem bei den mit Spaß verbundenen Tätigkeiten und weniger bei den eher arbeitsförmigen, die überlassen sie, verständlicherweise, lieber den Müttern.

"Es scheint gleichsam eine Hierarchie der Arbeiten und Beschäftigungen mit dem Kind zu existieren: je "unangenehmer" die einzelnen Verrichtungen sind, desto stärker nimmt das Engagement der Väter in der Beschäftigung mit den Kindern ab."[3]

---

[1] Vgl. R. Nave-Herz, Kontinuität und Wandel in der Bedeutung, in der Struktur und Stabilität von Ehe und Familie in der Bundesrepublik Deutschland, in: Dies. 1988, S.81

[2] Vgl. Berger-Schmitt 1986, S.119

[3] Nave-Herz 1988, S.81

Will man resümierend die Entwicklung und den Stand der geschlechtlichen Arbeitsteilung in der Nachkriegszeit beschreiben, so hängt das Fazit maßgeblich von der Perspektive ab, die man einnimmt.
Im zeitgeschichtlichen Vergleich erscheinen die Veränderungen geradezu revolutionär: Während die erwerbstätige Mutter in den fünfziger Jahren die Doppelbelastung nahezu allein zu tragen hatte - eine Mithilfe des Mannes war aufgrund der herrschenden Rollenbilder zumindest in den typischen "Frauendomänen" fast undenkbar -, beteiligen sich die Männer heute dagegen an solchen Aufgaben, d.h. am Einkaufen, Abwaschen, Kochen, Putzen und vor allem an der Kinderversorgung.
Im Vergleich zu ihren ebenfalls berufstätigen Partnerinnen tun sie es jedoch eher gelegentlich und selektiv. Sie entlasten sie zweifellos mehr als früher, in der Regel kann ihre Mithilfe die Belastungen der Frau durch Beruf und Hausarbeit jedoch nicht annähernd kompensieren. Ob erwerbstätig oder nicht, es ist die Frau, die den Löwenanteil der Hausarbeit trägt und die trotz der zu relativierenden "neuen Väterlichkeit" die Hauptbetreuungsperson des Kindes ist[1].
Bildhaft ausgedrückt könnte man sagen, daß das Engagement der Männer für Haushalt und Familie noch in den Kinderschuhen steckt, während die Frauen mit Siebenmeilenstiefeln auf den Arbeitsmarkt marschiert sind.
Wo sind die Ursachen für die, dem Wandel bei der außerhäuslichen Arbeit nicht entsprechende, weitgehende Konstanz in der Haushalts- und Familienorganisation zu suchen?
Ist beispielsweise die technische Modernisierung, wie in der einschlägigen Literatur oft behauptet wird, schuld an dieser defizitären, unvollständigen sozialen Modernisierung, an der, wie Hochschild schreibt, "unfertigen sozialen Revolution"[2]?

---

[1] Vgl. Schütze 1988, S.107

[2] Hochschild 1990, S.34

4.4.2 Konservierung traditioneller Arbeitsteilungsmuster als Folge der Haushaltstechnisierung?

Im Gegensatz zu Lenk und Ropohl, die mit der Haushaltstechnisierung die Chancen für eine Veränderung der häuslichen Aufgabenverteilung wachsen sehen - "Eher ist ein Mann bereit, die Haushaltsmaschine zu bedienen, als manuelle Hausarbeit zu verrichten"[1] -, wird in der übrigen themenbezogenen Literatur eher die, auf Ch. A. Thrall zurückgehende These von ihrem stabilisierenden Einfluß aufgestellt. "Modern technology has tended to support, perhaps even to reinforce, existing social arrangements."[2]

Die Haushaltstechnik, die Thrall zwar nicht als dominante, aber als zusätzliche Determinante der Arbeitsteilung berücksichtigt sehen will, hat seiner Meinung nach insofern eine konservierende Wirkung, "because it has facilitated the maintenance of family patterns which might otherwise have been threatened by other changes outside the family."[3]
Konkret identifiziert er als einen "bedrohlichen" Faktor die gestiegene Ehefrauen- und Müttererwerbstätigkeit, die, so sein Argument, wäre sie nicht von der Haushaltstechnisierung begleitet gewesen, den Erhalt der klassischen Arbeitsteilung gefährdet hätte.
Daß die moderne Haushaltstechnik ihre Aufrechterhaltung erleichtert hat, scheint außer Frage zu stehen: Dank ihr bzw. der mit ihr verbundenen enormen Effizienzsteigerung war es möglich, daß die Hausarbeit von einer Person allein zu bewältigen war, noch dazu, ohne ihre gesamte Arbeitskraft zu beanspruchen, d.h. sogar vor oder nach einer Erwerbsarbeit. Aufgrund ihres unerhörten Entlastungseffekts hat sie der Frau die Verbindung von Beruf und Familie erleichtert, ohne - dies ist der entscheidende Punkt - daß der Mann zwangsläufig stärker gefordert werden mußte. Sie hat so mit dazu beigetragen, daß der Frau die Hausarbeit lange

---

[1] Lenk/Ropohl 1978, S.269

[2] Ch. A. Thrall, The Conservative Use of Modern Household Technology, in: Technology and Culture 23, 1982, S.176

[3] Ebd., S.193

Zeit fraglos - zusätzlich zur Erwerbsarbeit - weiterhin allein aufgebürdet wurde. Die Männer sahen sich nicht zu mehr Unterstützung veranlaßt, und die Frauen selbst wagten diese, angesichts des sie umgebenden Maschinenparks, nicht zu fordern. Der "Supermutter-Strategie"[1] entsprechend stellten sie an sich selbst den Anspruch, alles: Haushalt, Familie und Beruf allein in den Griff zu bekommen.

Sozialhistorisch betrachtet hat damit die technische Modernisierung vielleicht das Aufkommen der Diskussion um die soziale Modernisierung, genauer das Aufbrechen des Konflikts um die häusliche Arbeitsteilung verzögert, jedoch sicher nicht verhindert, wie Thrall nahezulegen scheint. Daß die Forderung nach einer gerechteren Verteilung der privaten Arbeit, abgesehen von der Frauenbewegung, relativ spät gestellt wurde, daß die Unzufriedenheit mit dem Status Quo verstärkt erst seit ein, zwei Jahrzehnten artikuliert wird, ist sicher nur zum Teil auf den erwähnten "technischen" Einfluß zurückzuführen. Denken wir an das bis in die sechziger, siebziger Jahre noch eher traditionell ausgerichtete Rollenverständnis beider Geschlechter, so ist klar, daß emanzipatorische Forderungen, mit oder ohne Haushaltstechnisierung, lange Zeit undenkbar waren.

Da das geänderte Erwerbsverhalten der Frauen nicht automatisch mit einem geänderten Selbst- und Rollenverständnis - zweifellos eine der Hauptdeterminanten der Arbeitsteilung - einherging, ist kaum davon auszugehen, daß sich ohne die Technik eher eine egalitäre Arbeitsteilung entwickelt hätte.

Erst auf der Basis dieses Wandels begannen Frauen, Forderungen zu stellen und beteiligten sich Männer dementsprechend stärker an der Hausarbeit als in den "vormaschinellen" fünfziger Jahren - also trotz der vermeintlich stabilisierenden Rolle der Haushaltstechnisierung.

Wenden wir nun den Blick von der zeitgeschichtlichen Entwicklung ab und fragen, welche Rolle heute der Technisierungsgrad für die innerfamiliale Arbeitsteilung spielt.

---

[1] Hochschild 1990, S.235

Stimmt es tatsächlich, wie Thrall, der die Folgen von Ausstattungserweiterungen für die familiale Arbeitsorganisation untersuchte, behauptet, daß ein Mehr an Technik mit einer sinkenden Bereitschaft zu Mithilfe einhergeht?

"For husbands there is a significant negative relationship between amount of equipment and number of tasks done exclusively, while this is not true for wives."[1]

Empirisch belegen konnte Thrall den negativen Zusammenhang zwischen der Existenz spezieller Geräte und der Übernahme von bestimmten Aufgaben durch den Mann jedoch nur an zwei Beispielen, was den Erkenntnisgewinn seiner Untersuchung beträchtlich reduziert: Lediglich beim Vorhandensein von Müllschlucker und Geschirrspülmaschine machte er eine signifikant niedrigere Beteiligung der Männer aus.

Ausgehend von diesen Ergebnissen wiesen auch in der Folgezeit viele Autor/-inn/en darauf hin, daß der Gedanke an den Entlastungseffekt der Maschinen und Automaten für viele Männer eine gewissensentlastende Funktion hat: Die Anschaffung eines Haushaltsgerätes scheint für sie eine Art "Freikauf" von einer aktiveren häuslichen Mitarbeit zu bedeuten.[2]

Das klingt plausibel und mag sicherlich in vielen Fällen zutreffen.

Zu fragen bleibt allerdings, ob nicht auch einiges für die eingangs erwähnte, von Lenk und Ropohl formulierte These spricht. Ist nicht auch denkbar, daß ein Mann eher bereit ist zu staubsaugen als zu putzen, zu kehren und zu bohnern, oder eher den Schalter der Waschmaschine betätigt als die Wäsche im Kessel von Hand zu waschen?

Daß Männer sich heute überhaupt an solchen - lange Zeit als "reine Frauenarbeiten" identifizierten - Tätigkeiten beteiligen, könnte ein Indiz dafür sein. Die Technik hätte ihnen dementsprechend einen Weg zur Übernahme bestimmter hauswirtschaftlicher Aufgaben geebnet. Die Tatsache, daß aber gerade der hochtechnisierte Bereich der Wäschepflege gleichzeitig immer noch einer der "weiblichsten"

---

[1] Thrall 1982, S.189

[2] Vgl. beispielsweise Methfessel 1987, S.223

Tätigkeitsbereiche ist[1], scheint in dieses Erklärungsschema nicht so recht zu passen, sie scheint tieferliegende, möglicherweise in der Geschichte der Wäschepflege begründete Ursachen zu haben, über die an dieser Stelle jedoch nicht spekuliert werden soll.

Um mehr Licht in dieses Dunkel der Kontroverse um erhöhte versus reduzierte Bereitschaft zur Mithilfe angesichts maschineller Helfer zu bringen, möchte ich abschließend die entsprechenden Ergebnisse von Hampel u.a. darstellen.
Ihrer Untersuchung, auf die ich in Teil IV. genauer eingehen werde, gebührt im Gegensatz zu den obigen Ansätzen bzw. Hypothesen der Vorzug, daß sie nicht nur den Technisierungsgrad als Determinante der Arbeitsteilung thematisiert, sondern auch als zusätzliche Variablen die Erwerbsbeteiligung der Frau und die Familienstruktur sowie die Einstellungsebene miteinbezieht.
Bei einer solchermaßen differenzierten Analyse ließ sich "empirisch keine Beziehung zwischen dem technischen Ausstattungsniveau und dem familialen Arbeitsteilungsmuster feststellen, weder allgemein noch auf der Ebene spezieller mechanisierbarer Tätigkeiten (etwa dem Spülen mit oder ohne Geschirrspülmaschine). Auch bei unseren Leitfadengesprächen konnte bei Ausstattungserweiterungen keine Veränderung der Arbeitsteilungsmuster festgestellt werden."[2]

---

[1] Vgl. Glatzer u.a. 1991, S.291

[2] Zapf, W./Hampel, J. u.a., Technik im Alltag von Familien, in: Lutz, B. (Hrsg.), Technik in Alltag und Arbeit. Beiträge der Tagung des Verbunds Sozialwissenschaftlicher Technikforschung, Berlin 1989, S.63

Tabelle 6.5:
Arbeitsbeteiligung des Mannes nach Haushaltsausstattung und
Erwerbsstatus der Frau

Haushalts-ausstattung	Erwerbsstatus der Frau				
	ganztags erwerbstätig	teilzeit erwerbstätig	Hausfrau	Sonstige	Gesamt
Niedrige Ausstattung	3,6	-	-	2,3	2,4
Mittlere Ausstattung	2,3	1,3	0,9	1,5	1,4
Umfangreiche Ausstattung	2,2	1,8	1,0	(1,0)	1,5
Gesamt	2,5	1,4	0,9	1,7	1,5
N =	151	127	267	181	726

\-   Zellenbesetzung   N < 15
(xxx) Zellenbesetzung 15 < N < 20

Datenbasis: Technikfolgensurvey 1988

Abb. 22: Hampel u.a. 1991, S.98

Auf den ersten Blick dem vorangehenden Fazit widersprechend, scheint das Ergebnis zu sein, daß das Engagement des Mannes in den niedrig ausgestatteten Haushalten mit einer vollerwerbstätigen Frau am höchsten ist. Dies ist jedoch, wie die Autor/inn/en betonen, nicht auf den Technisierungsgrad zurückzuführen, sondern auf die Tatsache, daß in dieser Gruppe die jungen, kinderlosen Paare, die wie oben erwähnt am ehesten eine egalitäre Aufgabenteilung praktizieren, überproportional vertreten sind.

"Sind in Haushalten ganztägig erwerbstätiger Frauen dagegen Kinder vorhanden, gibt es keine Unterschiede der Beteiligung des Mannes in Abhängigkeit von der technischen Ausstattung des Haushalts."[1]

---

[1] Zwischenbericht des Bundesforschungsministeriums zu dem Projekt "Technikfolgen für Haushaltsorganisation und Familienbeziehungen", Bonn 1990, S.182

Das Resultat, daß insgesamt gut ausgestattete Haushalte in der Verteilung der Hausarbeit nicht traditioneller sind als einfach ausgestattete, widerlegt damit die oben aufgestellte These, daß ein Mehr an Technik automatisch die Unterstützungsbereitschaft senkt, daß Haushaltstechnik zwangsläufig konservative Arbeitsteilungsmuster verfestigt bzw. verstärkt. In diese Richtung, darüber sind sich auch andere Studien[1] einig, wirkt eher der Übergang zur Familie. Dieser scheint "konservative Muster der Haushaltsführung auch in solchen Haushalten zu forcieren, die vorher durch sehr partnerschaftliche Muster der Arbeitsteilung aufgefallen sind."[2]

Sind die Gründe dieser "Traditionalisierung" der Rollen und darüber hinaus überhaupt die Bedeutung des Rollenverständnisses für die innerfamiliale Arbeitsteilung auch Inhalt des nächsten Abschnitts, so sollte sein, den Technisierungsgrad überlagernder Einfluß an dieser Stelle zumindest angedeutet werden.

Festzuhalten bleibt, daß Haushaltstechnik aus sich heraus keine neuen Arbeitsteilungsmuster schafft. Weder initiiert sie - nur weil es angenehmer ist, Hausarbeit mit ihrer Hilfe statt manuell zu verrichten - eine partnerschaftlichere Arbeitsteilung noch konserviert sie zwangsläufig infolge ihres Entlastungseffekts in jeder Familie die herkömmliche. Vielmehr scheint sie in die vorhandenen, von vielen Faktoren, insbesondere von Familienstruktur, Erwerbsbeteiligung und Rollenverständnis, abhängigen Arbeitsteilungsmuster integriert zu werden.

Zweifelsohne können technische Artefakte im Haushalt auch für konservative Zwecke eingesetzt werden: für den Erhalt der traditionellen Haushalts- und Familienorganisation selbst unter den veränderten Rahmenbedingungen mütterlicher Erwerbstätigkeit. In den Fällen, in denen die Frau auf der Basis des traditionellen Familienmodells erwerbstätig sein will, erweist die zeit- und energiesparende Technik ihr einen großen Dienst (einen "Bärendienst" angesichts der Doppelbelastung?). Ihre Erwerbstätigkeit muß so keine "krisenhaften" Auswirkungen auf Haushalt und Familie haben, sei es in Form einer einschneidenden, sich nachteilig bemerkbar machenden Reduktion häuslicher Standards oder "häuslichen Arbeitskämpfen".

---

[1] Vgl. Metz-Göckel/Müller 1986, S.54f.

[2] Zapf u.a. 1989, S.63

Technik *kann* also entsprechend gesellschaftlicher Familien- und Rollenleitbilder, familialer und individueller Absichten und Interessenlagen die ihr unterstellte stabilisierende Wirkung haben, *sie muß es jedoch nicht*. Dort, wo eine egalitäre Arbeitsteilung angestrebt wird, kann sie genausogut als ein Mittel eingesetzt werden, um diese zu realisieren.

Kommen wir zurück auf das weitgehend "ungebrochene Fatum der Hausarbeitslosigkeit des Mannes"[1]. Die überraschende Tatsache, daß Studien auch heute noch, wie nachfolgend ausgeführt werden soll, trotz des beschriebenen Rollenwandels zum Teil eine zumindest vordergründige Akzeptanz der Un-gleichheit feststellen, kann allein mit der arbeitserleichternden Wirkung der Technik nicht erklärt werden.
Sind möglicherweise auch "traditionelle Relikte" im Selbst- und Rollenverständnis der Frau dafür verantwortlich?
Die "Verhaltensstarre" der Männer und die mangelnde institutionelle Unterstützung allein können, wie mir scheint, die unvollständige soziale Modernisierung, die den Frauen ein Mehr an Berufsintegration, den Männern aber keine vergleichbare in die Arbeit in Haushalt und Familie brachte, nicht erklären.
Als Abschluß des Themas "innerfamiliale Arbeitsteilung" möchte ich im folgenden noch einen kurzen Blick auf die sogenannten weiblichen "Selbstverhinderungsstrategien" werfen.

4.4.3 Der ""Modernisierungsrückstand" im weiblichen Bewußtsein"[2]

"Demnach sehen viele Frauen, auch wenn sie durch eigene Berufstätigkeit zum finanziellen Unterhalt der Familie beitragen, die ungleiche Verteilung der Hausarbeit nicht als ungerecht an."[3]

Es ist nicht nur die Tatsache, daß Forscher/innen neben einem, später zu belegenden, erhöhten Konfliktpotential bezüglich der häuslichen Arbeitsteilung auch

---

[1] Beck 1986, S.127

[2] Bertram/Borrmann-Müller 1988, S.267

[3] Beck-Gernsheim 1992, S.286

immer noch auf Zufriedenheit stoßen, die erstaunt, sondern auch damit einhergehend das Ausmaß, in dem sie Forderungen stellen.

"Sie müßten eigentlich, wenn sie erwerbstätig sind, im Interesse eines ungeschmälerten beruflichen Engagements auf mehr Gleichheit bei der Verteilung von Hausarbeitspflichten drängen."[1]

Daß Frauen es vielfach nicht in dem erwarteten Maß tun, führen Bertram und Borrmann-Müller auf den "time lag", auf die näher aufzuschlüsselnden "traditionellen Relikte" im insgesamt gewandelten Selbst- und Rollenverständnis zurück.

Da Rollenvorstellungen, daran erinnert Hochschild, sich nicht nur durch neue kulturell vermittelte, in unserem Fall emanzipatorische Vorstellungen bilden, sondern auch durch die geschlechtsspezifische Sozialisation, deren Wirkung so einfach nicht abzuschütteln ist, sind sie in der Regel nicht frei von Ambivalenzen und Widersprüchen. Diese spezifische Gebrochenheit und Inkohärenz der Rollenvorstellungen spiegelt sich in zahlreichen der von ihr durchgeführten Interviews und Beobachtungen wider: Vielfach stieß sie auf eine beträchtliche Diskrepanz zwischen den geäußerten Einstellungen zur Rollenverteilung in der Ehe und den verinnerlichten.[2]

So gehen viele der befragten Frauen, die sich selbst als gleichberechtigt verstehen, zwar nicht mehr davon aus, daß Hausarbeit und Kinderbetreuung "Frauensache" sind, nichtsdestoweniger sind sie aber nicht nur faktisch verantwortlicher, sondern fühlen sich auch immer noch verantwortlicher.

"Mehr Frauen als Männer luden Spielkameraden der Kinder ein oder achteten darauf, daß Arzttermine eingehalten werden. Mehr Mütter als Väter besorgten den fehlenden Schwanz am Halloween-Kostüm des Kindes oder das Geburts-

---

[1] Bertram/Borrmann-Müller 1988, S.263

[2] Es ist insbesondere auch diese, Adornos "Studien zum autoritären Charakter" entlehnte, Differenzierung zwischen der Oberflächenideologie und der tiefverwurzelten Ideologie, die Hochschilds Untersuchung so interessant macht.

tagsgeschenk für einen Schulkameraden. Frauen dachten häufiger als Männer während der Arbeitszeit an die Kinder oder riefen beim Babysitter an."[1]

Hinzu kommt, daß sie sich gerade bei der Arbeit mit Kindern nicht nur verantwortlicher, sondern auch kompetenter fühlen. Selbst junge Mütter, die eine aktive Mitarbeit des Vaters ausdrücklich wünschen, be- oder verhindern diese alltagspraktisch durch ihr mangelndes Vertrauen in die väterlichen Fähigkeiten. Yvonne Schütze, mehrere Untersuchungen rezipierend, resümiert:

"Da die Mutter sich häufig als die einzig wirklich kompetente Person empfindet, die weiß, wie man auf die Bedürfnisse des Kindes einzugehen hat, läßt sie es auch nicht zu, daß der Vater Eigenverantwortung übernimmt."[2]

Ihr Glaube an die eigene höhere Kompetenz, der unbewußte Exklusivitätsanspruch, der vom Vater als Konkurrenten bedroht zu werden scheint, mag nicht nur mit eine Erklärung für die Tatsache sein, daß nach wie vor sie die meiste Zeit mit dem Kind verbringt, sondern auch für den besagten Wendepunkt in der familialen Arbeitsteilung: die oben beschriebene, nach der Geburt eines Kindes sich vollziehende Ent-Egalisierung.
Mit der neuen Situation verlagert sich nicht nur die häusliche Arbeit mehr als zuvor auf die Frau, bezeichnenderweise sind die jungen Mütter, wie Schneewind und Vaskovics herausfanden, entgegen ihren ursprünglichen Vorstellungen und Wünschen sogar relativ zufrieden damit.[3]
Ist auch nicht völlig abzustreiten, daß diese Anpassungsleistung auf eine "Verringerung der kognitiven Dissonanz, die sonst die Situation mit der Zeit unerträglich machen würde"[4], zurückgeführt werden kann, so kann sie sicher auch als Resultat der Internalisierung der Mutterrolle gewertet werden.

---

[1] Hochschild 1990, S.30 u. S.31
[2] Schütze 1988, S.109
[3] Schneewind/Vaskovics 1991, nach Beck-Gernsheim 1992, S.286f.
[4] Ebd.

Tendieren also nicht nur Männer, sondern auch die Frauen selbst mit dem elementaren Einschnitt der Geburt eines Kindes zu einer Traditionalisierung der Frauenrolle - entgegen ihrer Oberflächenideologie?
Während die geschlechtsspezifische Sozialisation kein großes Hindernis für die Annäherung der weiblichen und männlichen Normalbiographien bis zur Familiengründung ist, scheinen ihre Elemente bei der Übernahme der Elternrolle stärker weiterzuwirken.

Neben diesen Beispielen, die zeigen, daß Frauen sich innerhalb ihrer traditionellen Gebiete mehr engagieren als Männer, weil sie sich verantwortlicher und kompetenter fühlen, soll noch ein letzter Punkt, die Wirkkraft geschlechtsspezifischer Sozialisation illustrierend, angesprochen werden: das Phänomen, daß viele die Bewältigung der "zweiten Schicht"[1], damit das Problem der Vereinbarkeit von Beruf und Familie, selbstverständlich als *ihr* Problem ansehen. Noch immer nehmen viele es als normal und gegeben hin, daß "die Regelung und Lösung der gleichzeitigen Berufstätigkeit und Kinderbetreuung, vermittelt über ihre Person, ... ihrer privaten Sorge, ihrem Organisationsgeschick, ihrer Belastbarkeit, der Stärke ihres Willens zur Berufstätigkeit überlassen"[2] bleibt.
Nur auf der Basis von verinnerlichten traditionellen Rollenvorstellungen können Frauen diese Ungleichheit, daß ihre Partner selten einer solchen Kraftprobe ausgesetzt sind, daß das "Krisenmanagement" um die Doppelrolle überwiegend ihnen zugemutet wird[3], akzeptieren.
Nur solange Frauen mehr oder weniger bewußt davon ausgehen, daß sie eigentlich für Haushalt und Familie zuständig sind und die neuerworbene Rolle der Berufsfrau eher als eine zusätzliche, sekundäre sehen, nur solange werden sie die ungleiche Verteilung der Belastungen hinnehmen bzw. sie erst gar nicht als ungleich und ungerecht wahrnehmen.

---

[1] Hochschild 1990, S.29

[2] Metz-Göckel/Müller 1986, S.23

[3] Bezeichnenderweise spricht man bezogen auf den männlichen Lebenszusammenhang bzw. bei der Verbindung von Vaterschaft und Beruf nicht von einer Doppelrolle.

Wie Beck-Gernsheim überzeugend darstellt, relativiert dieser Aspekt des Nicht-Wahrnehmens die vermeintliche Zufriedenheit mit einer nicht mehr zeit- und situationsgemäßen Verteilung der häuslichen Pflichten beträchtlich. Ihrer, sich auf die Untersuchung von Hochschild stützenden Argumentation zufolge, muß sie nicht nur als Sozialisationsprodukt, sondern auch als Produkt psychischer Verdrängungsmechanismen gesehen werden. Letztere dienen als doppelt funktionale Strategien dazu, einen Konflikt nicht wahrhaben zu wollen oder vielmehr, ihn erst gar nicht aufkommen zu lassen: sowohl den im eigenen Inneren, der auftaucht, wenn die Diskrepanz zwischen der Idealvorstellung, der partnerschaftlichen Arbeitsteilung und der Wirklichkeit bewußt wird, als auch den mit dem Partner. Hochschild schildert in ihren Fallanalysen, wie Frauen dieser komplizierte Balanceakt gelingt, "sich selbst als gleichberechtigt (zu, d. V.) verstehen und in Frieden mit einem Mann (zu, d.V.) leben, der andere Auffassungen praktiziert."[1] Sie beschreibt Frauen, die beispielsweise vor sich und anderen die objektiv ungleiche Beteiligung als gleich ausgeben, oder Frauen, denen das geringe Engagement des eigenen Partners im Vergleich zu anderen Männern aus dem Bekanntenkreis hoch erscheint - die den Vergleich zu sich selbst dagegen "vorsichtigerweise" aber gar nicht erst anstellen.

Diese Formen der Selbsttäuschung absorbieren zwar psychische Energie, haben aber den Vorteil, als Konfliktvermeidungsstrategien zu fungieren.

Halten wir fest: In den Fällen, in denen Frauen die einseitige Belastung zu ihren Ungunsten nicht wahrhaben wollen oder sie infolge verinnerlichter traditioneller Rollenvorstellungen nicht als ungerecht empfinden, dort wo sie also akzeptiert wird, wird die Partnerschaft nicht durch "krisenhafte" Auswirkungen der weiblichen Erwerbstätigkeit gefährdet.

Dies ist die eine Seite der Medaille, der "Modernisierungsrückstand" im weiblichen Bewußtsein, der mit dazu beiträgt, daß der Konflikt um die häusliche Arbeitsteilung verdeckt bleiben kann, der "weiblichen Supermutter-Strategien und männlichen Verweigerungsstrategien"[2] in die Hände arbeitet.

---

[1] Beck-Gernsheim 1992, S.286

[2] Hochschild 1990, S.300

Es ist auch diese Art von weiblicher "Selbstverhinderung", die, möglicherweise durch Technisierungsprozesse erleichtert, die klassische Form der geschlechtlichen Arbeitsteilung stabilisiert.

Nicht nur um das Thema Arbeitsteilung bzw. Doppelbelastung adäquat abzuschließen, sondern auch um dem/der Leser/in einen vollständigeren Einblick in die Belastungsstruktur der Frau geben zu können, soll neben dieser konservierenden Tendenz im folgenden auch die gegenläufige, zwar den Status Quo bedrohende, aber neue Herausforderungen implizierende, beschrieben werden.
Die Rede ist von der wachsenden Zahl von Frauen, die "nicht mehr bereit ist, eine solche Situation als normal und natürlich hinzunehmen, stattdessen Unzufriedenheit äußert angesichts dieser ungleichen Verteilung."[1]
Im Gegensatz zu den erwerbstätigen Ehefrauen und Müttern in den fünfziger Jahren, die es in der Regel noch fraglos als ihre Pflicht ansahen, die Doppelrolle allein zu managen, regt sich heute bei immer mehr Frauen der Unmut darüber, werden zunehmend Stimmen laut, die eine gerechtere Verteilung der privaten Arbeit fordern.
Eine positive Entwicklung sicherlich; nicht zu unterschätzen ist jedoch die mit dem "häuslichen Arbeitskampf" verbundene Zunahme an psychischer Belastung. Der familiale Dauerdiskurs über die Arbeitsteilung, oft zähe und regelmäßig wiederkehrende Debatten, in denen Frauen, in dem Glauben an die Kraft der Kommunikation, versuchen, ihre Partner zu mehr Mitarbeit zu bewegen. Energiekostende Verhandlungen, die nicht nur während man sie führt aufreibend sind, sondern die sich unter Umständen auch langfristig negativ auf Alltagsbewältigung und Partnerschaft auswirken können.

Die Schwierigkeiten beschränken sich nicht nur auf die Verrichtung der Hausarbeit im engeren Sinn - wer putzt, kauft ein, macht Abwasch, wann, wie oft -, sie erfassen auch die emotionale Versorgung, die ebenso "traditionell" zum Zuständigkeitsbereich der Frau gehörte. In dem Moment, in dem auch sie beruflichen Anforderungen zu genügen hatte, mußte das bis dahin gültige Muster aufbrechen:

---

[1] Beck-Gernsheim 1992, S.273

Allein die Nur-Hausfrau konnte dem im Erwerbsleben beanspruchten Mann die "Oase der Ruhe" bieten, in der er sich entspannen konnte, ihm den Rücken von anderen Belastungen freihalten und "für ihn da sein". Probleme für Ehe- und Familienleben entstanden, wie Pfeil bereits 1961 beschreibt, ab dem Zeitpunkt, ab dem die Frau selbst abgekämpft nach Hause kam und diese Funktion verständlicherweise nicht mehr so perfekt erfüllen konnte.

"Der Mann, der die Vorstellung vom Feierabend, die Vorstellung vom Umsorgtwerden und Entspannung mit nach Hause bringt, wird jeden Abend von neuem enttäuscht, und darunter leidet die Ehe."[1]

Heute dagegen wird die Situation zudem dadurch verschärft, daß nicht nur eine Person, der Mann, solche Bedürfnisse hat und enttäuscht ist, wenn sie nicht befriedigt werden, sondern zwei. Anders als in den fünfziger Jahren stellt auch die Frau Forderungen, sie will nicht mehr nur umsorgen, sie will auch umsorgt werden - von dem Mann, der wie die Frau durch einen "Anderthalb-Personen-Beruf"[2] absorbiert ist?
"Jetzt fehlt beiden Partnern die dritte Person, die die Hintergrundarbeit abnimmt und die Streicheleinheiten gibt."[3]

Neue Probleme, Komplikationen, die der Familie und den Frauen selbst aus ihrer Berufstätigkeit, genauer aus der Doppelrolle erwachsen sind. Sind die Frauen nicht mehr bereit, sie allein zu bewältigen, muß über die Zuständigkeiten neu verhandelt werden. Es müssen Wege gesucht werden, die Haushalts- und Familienorganisation mehr oder weniger gemeinsam, aufeinander abgestimmt, zu managen. Bezieht man den Aspekt mit ein, daß die Zielvorstellungen der Partner nicht unbedingt identisch sind, vergegenwärtigt man sich die oben dargestellten, der Tendenz nach unterschiedlichen Rollenvorstellungen von Frau und Mann, so liegt auf der Hand, daß die Berufstätigkeit der Frau, genauer die Tatsache, daß in einer Familie nun

---

[1] Pfeil 1961, S.379

[2] U. Beck/E. Beck-Gernsheim, Das ganz normale Chaos der Liebe, Frankfurt am Main 1990, S.128

[3] Ebd.

zwei Personen beruflich gefordert sind, die Regelung des gemeinsamen häuslichen Alltags enorm verkompliziert und erschwert hat.

Im folgenden letzten Abschnitt dieses Kapitels wird es nun nicht mehr um die soziale Arbeitsorganisation gehen, um die Frage, wie die "neue" Situation, daß immer mehr Mütter tagsüber abwesend sind, durch eine Neuverteilung der Arbeit unter den Partnern bewältigt werden kann, sondern darum, wie die Frau sie auf der Basis der bestehenden Arbeitsteilung bewerkstelligt.
Rückbeziehend auf die im dritten Kapitel angeführten Hypothesen kann man jetzt nach den Auswirkungen der Haushaltstechnik in einem konkreten Verwendungszusammenhang fragen.

Wie setzen erwerbstätige Ehefrauen und Mütter Haushaltstechnik ein? Würde das oben aufgezeigte, vom sozialen Kontext abstrahierende, technikdeterministische Modell stimmen, müßte ja auch in ihrem Fall das Vorhandensein von arbeitserleichternden Geräten zu Standarderhöhung und Nutzungsintensivierung und damit zu zeitlichem Mehraufwand führen...

4.5 Haushaltstechnik - Mittel zur Erhöhung des Anspruchsniveaus an Haushaltsführung oder Hilfe zur Bewältigung der Doppelbelastung auf der Basis der bestehenden Arbeitsteilung?

"Hausarbeit läßt sich wie Gummi dehnen, um die Zeit auszufüllen, die dafür zur Verfügung steht... Das ist zweifellos die wahre Erklärung für die Tatsache, daß die moderne amerikanische Hausfrau trotz all der neuen arbeitssparenden Geräte wahrscheinlich mehr Zeit mit Hausarbeit verbringt als ihre Großmutter."[1]

Statt diese Apparate einzusetzen, um Zeit zu sparen, brachte für die hier von Betty Friedan beschriebenen unausgefüllten Nur-Hausfrauen der sechziger Jahre "jedes

---

[1] B. Friedan, Der Weiblichkeitswahn oder die Mystifizierung der Frau, Reinbek bei Hamburg 1966, S.157

arbeitssparende Gerät eine arbeiterfordernde Vervollkommnung der Haushaltsführung mit sich... Jeder wissenschaftliche Fortschritt, der die Frauen von der Plackerei des Kochens, Saubermachens und Waschens hätte erlösen können und ihnen mehr Zeit für andere Dinge hätte bescheren können, erzwang statt dessen neue Plackerei..."[1]

Daß in diesen Haushalten die Technisierung nicht zu einer Arbeitszeitverkürzung führte, sondern die potentiellen Rationalisierungsgewinne durch eine Anspruchserhöhung kompensiert wurden, ist wenig verwunderlich.

In *diesem* soziokulturellen Kontext, in dem Frauen sich einzig und allein über ihre Hausfrauen- und Mutterrolle definierten, schienen die neuen technischen Errungenschaften in erster Linie dazu zu dienen, die Hausarbeit, von deren Verrichtung die Selbst- und Fremdanerkennung abhing, immer weiter zu perfektionieren, d.h. beispielsweise auch die Sauberkeitsstandards ohne den Preis völliger physischer Erschöpfung zu steigern. Warum hätte unter diesen Bedingungen die Technik überhaupt ökonomisch, unter zeitsparenden Kriterien, eingesetzt werden sollen? In einem Kontext, in dem Hausarbeit aufgrund fehlender alternativer Definitionsmöglichkeiten quasi zum Ganztagsberuf ausgedehnt werden mußte, wäre eine derartige Technikverwendung eher kontraproduktiv gewesen. In diesem Fall, aber wohl nur in diesem Fall, ist Kramer zuzustimmen, die davon ausgeht, daß die Technisierung "nicht zur Arbeitszeitverkürzung im Haushalt geführt (hat, d. V.), weil die Hausfrauen daran nicht interessiert sind."[2]

Mit dem Eintritt dieser Frauen ins Erwerbsleben scheint sich die Situation allerdings grundlegend zu wandeln.

Nicht nur Friedan stellte fest, daß der Zeitaufwand für Hausarbeit sich ab dem Moment drastisch zu reduzieren begann, als die Frauen berufstätig wurden. Auch neuere Studien streichen immer wieder die Bedeutung der Erwerbstätigkeit als diesbezüglich entscheidende Determinante heraus: "Insgesamt brauchen die er

---

[1] Ebd., S.158

[2] Kramer 1981, zit. n. J. Hampel, Technik im Haushalt. Ein Beitrag zur theoretischen Diskussion, in: Verbund Sozialwissenschaftliche Technikforschung. Mitteilungen 1/1987, S.49. Nach Kramer haben die Hausfrauen vielmehr ein Interesse an einer Arbeitserleichterung.

werbstätigen Ehefrauen etwa die Hälfte bis zwei Drittel der Zeit, die die nicht-erwerbstätigen benötigen."[1]

Selbst wenn diese Zahl zu hoch gegriffen ist, da Pross zwar die Haushaltsgrößen, aber weder den Zeitaufwand am Wochenende noch das Ausmaß der familialen Mithilfe berücksichtigt, ist es keine Frage, daß die erwerbstätige Frau, der weniger Zeit für Hausarbeit zur Verfügung steht, auch bedeutend weniger Zeit dafür braucht[2] - ein Sachverhalt, der sicher auch, wie ich zeigen werde, mit der rationalen Nutzung moderner Haushaltstechnik zusammenhängt.

Auf diese konnten die doppeltbelasteten Mütter der fünfziger Jahre noch nicht zurückgreifen. Sie mußten nach anderen Lösungen für das Problem des begrenzten Zeitbudgets für Hausarbeit suchen.

Eine wesentliche Rolle spielte zu dieser Zeit noch die Verwandten-Hilfe, ohne die, Pfeil zufolge, "die doppelte Funktion der Mutter (...) nur mit äußerster Anspannung geleistet werden"[3] konnte. Insbesondere bei der Kinderbetreuung wurden die Frauen von ihren Müttern und Schwiegermüttern entlastet: Sie waren in einer Zeit, in der der Kindergartenbesuch noch nicht zur Regelerfahrung von Kindern zählen konnte, für die erwerbstätige Frau fast unentbehrlich.[4]

Im hauswirtschaftlichen Bereich dagegen suchte frau sich selbst durch eine grundlegende Vereinfachung der Haushaltsführung zu helfen.

Als notwendige Anpassungsleistung an die neue Situation wurde bei manchen Tätigkeiten das Anspruchsniveau reduziert (!), beispielsweise beim Hausputz, der "höchstens noch einmal im Jahr gehalten"[5] wurde. Bei anderen, wie bei der Nahrungsmittelzubereitung und -konservierung oder der Bekleidungsherstellung, versuchte man Arbeit und Zeit zu sparen durch den verstärkten Rückgriff auf das erweiterte Angebot an Konsumgütern: Der Kauf von neuen preiswerten synthetischen Textilien ersetzte zunehmend das Nähen, Ändern und Flicken - "Man wirft

---

[1] Pross 1976, zit. n. Kettschau 1980, S.150
[2] Vgl. Kettschau 1980, S.149f u. S.179, sowie Hampel u.a. 1991, S.81
[3] Pfeil 1966, S.162
[4] Ebd., S.163
[5] Pfeil 1961, S.291

das Alte weg, statt es zu flicken"[1] -, Konserven traten an die Stelle des "Eingemachten". Sie hatten nicht nur den Vorteil, daß sie die Vorratshaltung enorm vereinfachten, sondern zusammen mit den übrigen, sich insbesondere bei den berufstätigen Frauen zunehmender Beliebtheit erfreuenden, Fertigprodukten auch die Essenszubereitung.

"Konserve bedeutet - Schnell-Küche für die berufstätige Frau, die ach so oft nur wenig Zeit hat. Deckel auf, die offene Dose in ein Wasserbad gestellt - nach zehn Minuten anrichten nach persönlichem Geschmack - und schon ist ein Essen gezaubert, dessen Zubereitung sonst Stunden erfordern würde. Für die berufstätige Frau ist gesparte Zeit gespartes Geld. An einer Dose Bohnen in Tomatensoße mit Speck wird das besonders deutlich."[2]

Verständlich, daß nach Feierabend solche oder ähnliche schnellzubereitete Mahlzeiten wie Pfannengerichte bevorzugt wurden, für eine aufwendige Nahrungszubereitung, überhaupt für zeitintensive hauswirtschaftliche Tätigkeiten war kein Platz mehr.
Das ist auch im heutigen "Schnellhaushalt" nicht anders.

Grundlegend geändert in den letzten zwanzig Jahren hat sich allerdings die Art der Entlastung: Können allein schon aufgrund der stark gestiegenen räumlichen Mobilität auch immer weniger Frauen auf die Unterstützung seitens ihrer Mütter und Schwiegermütter hoffen, so sind sie haushaltstechnisch ungleich besser ausgestattet.
Während in den fünfziger bzw. sechziger Jahren noch nicht einmal Kühlschrank und Waschmaschine zur Standardausstattung zählten, gehören mittlerweile zusätzlich auch Gefriergeräte, Nähmaschinen und Küchenmaschinen dazu.
Wie der nachstehenden Tabelle zu entnehmen ist, sind es - was kaum überraschen dürfte - insbesondere die Haushalte der vollerwerbstätigen Frauen mit Kindern, die sich in verstärktem Maß der Haushaltstechnik bedienen.

---

[1] Ebd., S.291
[2] Amadeus 1958, zit. n. Becher 1990, S.94

Tabelle 6.3:
Anteil an Haushalten mit umfangreicher Ausstattung[1] nach Familientyp und Erwerbsstatus der Frau

Familientyp[2] in %	Erwerbsstatus der Frau				
	ganztags erwerbstätig	teilzeit erwerbstätig	Hausfrau	Sonstige	Gesamt
Junges Paar	15	-	-	(00)	17
Familie mit einem Kind	43	34	31	-	33
Familie mit mehreren Kindern	40	41	31	()	34
Älteres Paar	29	(25)	15	10	14
Sonst. Familie	()	(29)	39	-	29
Gesamt	26	36	30	10	25
N =	147	123	256	177	703

- Zellenbesetzung N < 15
(xxx) Zellenbesetzung 15 < N < 20

[1] Umfangreiche Ausstattung: mindestens vier der folgenden Geräte: Waschmaschine, Gefriertruhe/Gefrierschrank, Wäschetrockner, Geschirrspülmaschine, Mikrowellenherd

[2] Junge Paare: Paare, Frau unter 40 J.
Familien mit Kind/Kindern: Kernfamilien, mind. ein Kind unter 22 J.
Ältere Paare: Paare, Frau über 40 J.
Sonstige Familien: Familien mit nur erwachsenen Kindern oder erweiterte Familien

Datenbasis: Technikfolgensurvey 1988

Abb. 23: Hampel u.a. 1991, S.94

Der Technisierungsgrad von Haushalten berufstätiger Mütter ist nicht nur insgesamt höher[1], auffallend ist auch der Vorsprung bei dem Mikrowellenherd, der in dieser Gruppe zu 40% vertreten ist und der Geschirrspülmaschine mit 75%[2] - letzteres ein Indiz dafür, daß die erwerbstätige Frau wohl ohne Probleme auf die "liebgewordene Beschäftigungstherapie des manuellen Abwaschens"[3] verzichten kann.

Vielmehr schätzt gerade sie diese beiden selbsttätig arbeitenden Geräte, da sie ihrem Bedürfnis sowohl nach Zeitersparnis als auch nach Flexibilisierung der Haushaltsführung optimal entgegenkommen.

Vergegenwärtigen wir uns nur einmal die bereits in 3.2.1 beschriebenen Vorteile des Mikrowellenherdes. Insbesondere in Verbindung mit den vorgefertigten Lebensmitteln, die in den Haushalten vollerwerbstätiger Frauen mit 41% überdurchschnittlich konsumiert werden[4], erlaubt er eine rasche und arbeitssparende Essenszubereitung, die völlig unproblematisch von den einzelnen Familienmitgliedern selbst übernommen werden kann - und tatsächlich den Ergebnissen Mollenkopfs u.a. zufolge, auch häufiger übernommen wird. Als eine Folge der Anschaffung eines solchen Gerätes, "zeigte sich in beiden Untersuchungen, ... daß die einzelnen Familienmitglieder sich ihre Mahlzeiten öfter selbst warm machen."[5]

Die dadurch ermöglichte Erweiterung des persönlichen Handlungsspielraumes der Frau wird in den folgenden Interviewauszügen dokumentiert:

"Grad weil der unterschiedlich heimkommt, und da ist er froh. Ich bin dann weg, dann stell ich's ihm hin, und dann sagt er: Mutti, prima, da mußt du net immer da sein."

---

[1] Die Tatsache, daß die Gesamtzahl der Haushalte ganztags erwerbstätiger Frauen mit umfangreicher Ausstattung niedriger ist als die der Teilzeitbeschäftigten und Hausfrauen, ist auf die Überrepräsentanz der niedrig ausgestatteten jungen Paarhaushalte in dieser Gruppe zurückzuführen.

[2] Hampel u.a. 1991, S.60f.

[3] Lenk/Ropohl 1978, S.269

[4] Hampel u.a. 1991, S.87

[5] H. Mollenkopf/J. Hampel/U. Weber, Technik im familialen Alltag. Zur Analyse familienspezifischer Aneignungsmuster, in: Zeitschrift für Soziologie, 18.Jg. 1989, Heft 5, S.384

"Ich koch mittags vor und richt es her in so Teller und dann schieben die's grad abends rein."[1]

Die Frau ist in ihrer Zeiteinteilung freier geworden - ein Fortschritt, der nicht zu unterschätzen ist -, an "ihrer" Zuständigkeit für die eigentliche Zubereitung der Mahlzeiten und deren Zusammensetzung hat sich allerdings durch die Existenz eines Mikrowellenherdes wenig geändert: statt auf den Vorrats- oder Tiefkühlschrank zu verweisen, kochen die Frauen nun häufiger vor.[2] Ein Mehr an Arbeit, wie Ostner (vgl. 4.1) vermutet, ist jedoch damit nicht verbunden.

Der Mikrowellenherd erzeugt, diesen Ergebnissen nach zu urteilen, also keine höheren Ansprüche in der Form, daß die Mahlzeit "eigens zubereitet für jeden zu jeder Zeit"[3] ist, sondern wird effektiv als Entlastung genutzt, genauer, "um sich innerhalb vorgegebener Zeitstrukturen mehr Freiraum sowohl in der individuellen wie familialen Zeitverwendung zu schaffen, das heißt, um unabhängiger von extern bedingten Zeitrestriktionen zu werden."[4]

Gerade für die erwerbstätige Frau mit einem eher traditionellen Selbstverständnis, für die Frau, die sich trotz der zusätzlichen Beanspruchung noch immer für das leibliche Wohlergehen ihrer Familie zuständig fühlt, scheint die Lösung Vorkochen plus Mikrowellenherd ideal: Trotz ihrer Berufstätigkeit muß sie nicht auf das "Kochen aus Liebe" verzichten. Sie kann sich so - da sie selbst bei ihrer Abwesenheit ihre Lieben gut versorgt weiß - etwas von der "Verpflichtung" zur häuslichen Präsenz zu den unterschiedlichen Heimkehr- bzw. Essenszeiten befreien.

---

[1] Hampel u.a. 1991, S.123, 124

[2] Ebd., S.123. Dieses Ergebnis resultiert sicherlich zum einen aus den relativ hohen Preisen von Fertigprodukten gerade in Form von Tellergerichten, kann aber auch, wie näher auszuführen ist, als ein Zugeständnis an die Hausfrauenrolle interpretiert werden.

[3] Ostner 1988, S.95

[4] Mollenkopf u.a. 1989, S.385

Im Vergleich zum mikrowellengeeigneten Fertiggericht oder einem unterwegs zwischendurch verzehrten Fast Food[1] ist die von der Ehefrau/Mutter vorgekochte, im Mikrowellenherd aufgewärmte Mahlzeit sicher die bessere Alternative, einem Vergleich mit dem von Ostner beschriebenen traditionellen "meal for return home" hält sie allerdings nicht statt:

"Die Frau, die die Heimkehrenden erwartet, ordnet sich den verschiedenen Garzeiten unter. Sie weiß, wann sie mit Blick auf die Heimkehrzeit, zu beginnen hat, wieviel Zeit jedes Teil zum Garen braucht."[2]

Doch welche erwerbstätige Mutter kann sich ein solches Koch-Verhalten zeitlich leisten?

Es liegt auf der Hand, daß berufstätige Frauen Abstriche nicht nur bei der Essenszubereitung, sondern überhaupt bei der Hausarbeit machen müssen[3].
Die stundenlange Abwesenheit der Frau erzwingt einen anderen Haushaltsführungsstil, der sich, wie ich behaupte, nicht nur in einer Reduzierung der Ansprüche niederschlägt, sondern auch in einer rationalen Techniknutzung, genauer in einer produktiven Nutzung des technisch möglichen Zeitgewinns. Anzunehmen, daß in diesem Fall, also unter der Bedingung, daß Hausarbeit unter zeitlichen Restriktionen zu bewältigen ist, das Vorhandensein eines Mikrowellenherdes, einer Geschirrspülmaschine oder eines Waschvollautomaten zu vermehrten Ansprüchen und darüber vermittelt zu zeitlichem Mehraufwand führt, daß Haushaltstechnik in diesem sozialen Kontext solche Wirkungen zeitigt, erscheint mir fast absurd.

---

[1] In diesem Zusammenhang scheint es mir auch notwendig, auf den enormen, mit der zunehmenden Ehefrauen- und Müttererwerbstätigkeit in Verbindung zu sehenden, Anstieg des Außer-Haus-Verzehr hinzuweisen. Machte dieser 1965 nur 6% der Ausgaben für Nahrungs- und Genußmittel aus, so 1984 bereits 14%. Vgl. W. Protzner (Hrsg.), Vom Hungerwinter zum kulinarischen Schlaraffenland. Aspekte einer Kulturgeschichte des Essens in der Bundesrepublik Deutschland, Stuttgart 1987, S.167

[2] Ostner 1988, S.94

[3] Oder das Ausmaß ihrer Überforderung ist noch größer.

Daß der Einsatz prinzipiell arbeitssparender Geräte in den Haushalten der weiter oben beschriebenen Hausfrauen nicht zu einer Arbeitszeitverringerung führte, da, wie auch Ogburn und Nimkoff herausstellen, sie auch nicht zu diesem Zweck genutzt wurden, heißt nicht, daß sie nicht dazu genutzt werden *können*: "If she wants to, a woman can use the appliances to save time and energy."[1]

Es scheint plausibel davon auszugehen, daß es gerade die erwerbstätigen Ehefrauen und Mütter sind, die dies wollen, die ein großes Interesse an Zeitersparnis haben. Da ihre Haushalte zu den besonders stark belasteten zählen, setzen sie, auch den Ergebnissen Hampels u.a. nach zu schließen, Haushaltstechnik ein, um den Umfang der Hausarbeit zu begrenzen und nicht um ihr Niveau zu erhöhen.[2]

Ausgehend von einer derartigen Techniknutzung kann man auf die Frage, was die Haushaltstechnik den Frauen eigentlich gebracht hat, an dieser Stelle vorläufig antworten: Sie hat ihnen *auf der Basis der klassischen Arbeitsteilung* nicht nur die Doppelrolle enorm erleichtert, sondern sie insofern auch legitimiert, da mit ihrer Hilfe trotz der Berufstätigkeit die Befriedigung der Grundbedürfnisse der Familienmitglieder *durch die Frau* nicht gefährdet wurden.

"Working mothers discovered that, although they were weary when they left the office or factory, they could still manage to get a decent dinner on the table that night and clean clothes on everyone's back the next morning."[3]

Wie dieses Kapitel zeigen sollte, war die Haushaltstechnisierung ein wesentlicher Freisetzungsfaktor für das neue Selbstverständnis der Frau. Diese Tatsache darf jedoch nicht dazu verleiten, Technisierungsprozesse einfach als Entlastungsphänomene zu sehen. Vielmehr sollte durch die vorliegenden Ausführungen klar geworden sein, daß die breitenwirksame Haushaltstechnisierung nach dem Zweiten Weltkrieg den Frauen nicht nur Arbeitsentlastung brachte, sondern begleitet war von einer *grundlegenden Umschichtung von Belastungen*: Alte Belastungen, vor allem im hauswirtschaftlichen Bereich, verschwanden, sie fanden sich jedoch

---

[1] Ogburn/Nimkoff 1955, S.152
[2] Hampel u.a. 1991, S.101f.
[3] Schwartz Cowan 1983, S.209

durch neue abgelöst. Zusammenfassend sei insbesondere erinnert an die erhebliche Zunahme von Intensität und Extensität der Beanspruchung durch die Arbeit mit Kindern sowie an die Bedeutungszunahme der Berufstätigkeit - auch mit all ihren negativen Implikationen für die Frau selbst wie für Partnerschaft und Familie. Angesichts der oben festgestellten relativen Zählebigkeit traditioneller Verhaltensmuster bezüglich der geschlechtsspezifischen Arbeitsteilung brachte das veränderte Erwerbsverhalten eben auch die Doppel- bzw. Dreifachbelastung der Frau im modernen "Schnellhaushalt" oder "häusliche Arbeitskämpfe" mit sich.

Mit der Haushaltstechnisierung hat sich also nicht nur der Charakter des Haushaltens einschneidend gewandelt, sondern damit auch die Belastungsstruktur der Frau. Der Verweis auf das Entstehen einer *qualitativ neuen Belastungsstruktur* bedeutet jedoch nicht, im Gegenzug zur oben angesprochenen Gefahr, Haushaltstechnik verkürzt mit Entlastung gleichzusetzen, die unbestrittenen Freisetzungseffekte haushaltstechnischer Errungenschaften zu negieren - eine Tendenz, die in der themenspezifischen Literatur allerdings häufig vorzufinden ist. Hier wird in ebenso undifferenzierter Weise davon ausgegangen, daß "der Einsatz von Technik (...) allenfalls das kompensiert (hat, d. V.), was auf der anderen Seite als neue Ansprüche wieder auftaucht"[1] oder Technik durch die scheinbar unvermeidliche Erhöhung des Anspruchsniveaus gar als "Hilfe zur Mehrarbeit"[2] gesehen.

Die genannten Verkürzungen und Einseitigkeiten zeugen m.M.n. von einer unzureichenden Zugangsweise zu Technisierungsprozessen: Die Frage nach den sozialen Folgen von Technisierungsprozessen wird entweder auf eine Bilanzierung technikbedingter Freiheitschancen oder auf die technikbedingter Handlungszwänge verengt.

Trotz einer Weiterentwicklung der theoretischen Diskussion in den letzten Jahren findet in vielen Arbeiten noch immer diese technikdeterministische Tradition ihren Niederschlag, nach der die Nutzung technischer Artefakte a priori zu bestimmten, vom Verwendungszusammenhang scheinbar unabhängigen, technikinduzierten Verhaltensänderungen führt.

---

[1] B. Orland, Das bißchen Haushalt... Haushalt und Technik, in: Baumgärtel u.a. 1985, S.89

[2] Methfessel 1990, S.145

Nach einer knappen Darstellung dieses Ansatzes soll im folgenden methodischen Exkurs nach einem angemesseneren Weg zu den Technisierungsprozessen gesucht werden - nach einer Perspektive, aus der dann im Schlußkapitel die Bedeutung von Technisierungsprozessen für die Belastungsstruktur der Frau im gesamten dargestellten Entwicklungszeitraum differenzierter zu beurteilen ist.

IV. Vom Technikdeterminismus zur "Aneignungsperspektive" - Über die Notwendigkeit eines Perspektivenwechsels in der sozialwissenschaftlichen Technikforschung

Die These, daß technische Artefakte alltägliche Lebensformen mehr oder weniger zwangsläufig prägen, ist ein Hauptbaustein des auf William Ogburn zurückgehenden "technologischen Determinismus"[1], eine Konzeption, die bis in die siebziger Jahre die Theoriedebatte um den Ablauf von Technisierungsprozessen bestimmte. Gemäß dieser, den Zusammenhang zwischen technischer und sozialer Entwicklung als eindimensionales Wirkungsverhältnis identifizierenden, Perspektive dringen die "technischen Geräte, Maschinen und Systeme (...) in die Gesellschaft ein und erzwingen neue Formen sozialer Organisation und sozialen Verhaltens"[2].

Forschungspraktisch schlug sich dieser Ansatz in den klassischen Technik-Folge-Untersuchungen nieder, für die charakteristisch war, daß sie den, mittels der vergleichenden Betrachtung eines Zustandes vor und nach dem Einsatz eines bestimmten technischen Artefakts, festgestellten Unterschied monokausal auf seine Wirkung zurückführten.

Außer acht gelassen wurden dabei mögliche intervenierende nicht-technologische Variablen, wie überhaupt der soziale Kontext insgesamt, in dem sich Technikanwendung realisiert. Da dieser jedoch, wie industriesoziologische Studien seit Mitte der siebziger Jahre belegen konnten, verantwortlich für die Variation der Wirkungen ein und derselben Technik ist, erwies sich dieses Vorgehen, da zu reduziert, alsbald als unzulänglich.

---

[1] Vgl. hierzu: B. Lutz, Das Ende des Technikdeterminismus und die Folgen - soziologische Technikforschung vor neuen Aufgaben und neuen Problemen, in: Ders. (Hrsg.), Technik und sozialer Wandel. Verhandlungen des 23.Deutschen Soziologentages in Hamburg 1986, Frankfurt am Main/New York 1987

[2] Ebd., S.35

Burkart Lutz strich als einer der ersten in seinem programmatischen Vortrag auf dem Soziologentag 1986 die Defizite der herkömmlichen Wirkungsforschung deutlich heraus und plädierte energisch für eine Kehrtwendung. Ausgehend von der Prämisse, "daß der soziale Prozeß von Technikanwendung und Technikaneignung in verschiedenen sozialen Feldern und Kontexten auch ganz verschieden abläuft und daß hierbei jeweils spezifische Wirkungen auftreten, die sich eben nicht aus immanenten genetischen oder funktionalen Merkmalen technischer Geräte und Systeme ableiten lassen"[1], also entsprechend dieser Betonung der *sozial unterschiedlichen Techniknutzung*, empfahl er der soziologischen Technikforschung, künftig auch den sozialen Verwendungszusammenhang in die Betrachtung miteinzubeziehen.

Der von Lutz vorgeschlagene Perspektivenwechsel wurde bisher hauptsächlich theoretisch umgesetzt: Die Diskussion zum Thema "Technik im Alltag" scheint, worauf auch Joerges Äußerungen zu der "bemerkenswerten Renaissance "kulturalistischer" Technikdeutungen"[2] schließen lassen, zunehmend von alltags- bzw. akteursorientierten Positionen[3] bestimmt, die im Gegensatz zu den traditionellen, eher geräteorientierten "nicht die Technik als solche nimmt und sie auf etwas wirken läßt, das relativ unbestimmt bleibt, sondern statt dessen versucht, die technischen Objekte mitten in den Alltag denkender und handelnder Gesellschaftsmitglieder zu stellen."[4]

Folgerichtig sehen die Vetreter dieser Kulturperspektive weniger technikbedingte Handlungszwänge - ohne selbstverständlich die Beeinflussung von Orientierungsmustern durch technische Artefakte ganz ausschliessen zu wollen - als vielmehr die vorhandenen Nutzungs- und Gestaltungsspielräume der Akteure, die diese entspre-

---

[1] Ebd., S.46

[2] B. Joerges, Technik im Alltag. Annäherungen an ein schwieriges Thema, in: Ders. 1988, S.13

[3] Diese im Folgenden näher zu beschreibende Richtung wird beispielsweise von Werner Rammert und Karl H. Hörning vertreten. Vgl. hierzu die entsprechenden Aufsätze in Joerges 1988.

[4] K.H. Hörning, Technik im Alltag und die Widersprüche des Alltäglichen, in: Joerges 1988, S.53

chend ihrer je spezifischen Handlungsorientierungen und Zielsetzungen unter differierenden Anwendungsbedingungen unterschiedlich ausfüllen.

Empirisch nutzbar gemacht wurde dieser teilweise noch recht abstrakt bleibende Ansatz bisher lediglich in der, in dieser Arbeit vielzitierten aktuellen Studie von Hampel u.a., die unter Anwendung qualitativer und quantitativer Methoden[1] der sozial unterschiedlichen Techniknutzung, genauer den Nutzungsmustern unterschiedlicher Haushaltstypen, nachgingen.

In dieser von Lutz als "Aneignungs- und Nutzerperspektive"[2] bezeichneten Forschungskonzeption wird nicht auf die Geräte, sondern auf ihre Nutzer/innen fokussiert:
"gefragt wird, in welchem Kontext welche technischen Artefakte in welcher Weise in den alltäglichen Lebenszusammenhang einbezogen und genutzt werden."[3]

Im Gegensatz zur klassischen Technikfolgeforschung scheint dieses differenzierte methodische Vorgehen ein adäquates Verständnis von Technisierungsprozessen sehr viel eher zu ermöglichen: Den Resultaten von Hampel u.a. nach zu schließen, gibt es keine, vom sozialen, alltäglichen Verwendungskontext unabhängigen, zwangsläufigen Folgewirkungen von Haushaltstechnik, weder in bezug auf den Zeitaufwand noch auf die Arbeitsteilung. Sie konnten weder eine der Technik inhärente Nutzungsaufforderung, die sich generell in jedem Haushalt durch zeitlichen Mehraufwand ausdrücken würde, entdecken noch eine "technisch" ausgelöste Veränderung in der Verteilung häuslicher und familiärer Pflichten.

---

[1] Einerseits wurden im Zeitraum Herbst 1986 bis zum Herbst 1988 in fünfzig Haushalten halbjährlich je vier Beobachtungen durchgeführt, "durch die anhand ausführlicher Gespräche und systematischer Inventarisierungen die Technikausstattung, Techniknutzung, Haushaltsorganisation und die Familienbeziehungen erfaßt wurden". Ergänzt wurde dieses Vorgehen durch eine im Sommer 1988 stattfindende bundesweite Repräsentativbefragung in 800 Mehrpersonenhaushalten zu themenspezifischen Fragen. Vgl. Hampel u.a. 1991, S.40

[2] Lutz 1989, S.78

[3] Ebd., S.77 u. S.78

Die Nutzung technischer Geräte und dementsprechend die Auswirkungen ihres Gebrauchs scheint vielmehr geprägt durch subjektive Einstellungen und familienstrukturelle Faktoren, insbesondere durch das Vorhandensein (und die Anzahl) von Kindern und dem Erwerbsstatus der Frau bzw. den damit zusammenhängenden familienspezifischen Problemlagen.

"Alltagstechnik (...) trifft nicht auf ein Vakuum und wirkt daher auch nicht per se. Im Überblick können wir feststellen, daß die Varianz der Folgen von Technik im privaten Alltag der Varianz der kontextuellen Strukturen entspricht, auf die Technik trifft."[1]

Um es abschließend nochmals zu konkretisieren: Die Luxus-High-Tech-Küche kann genutzt werden, um anspruchsvoller zu kochen, aber auch um beispielsweise im Alltag im Mikrowellenherd Fertigprodukte zu erwärmen.
Statt vorschnell von technikimmanenten Normierungen auszugehen, sollten künftige Studien stärker berücksichtigen, daß der Einsatz moderner Haushaltstechnik entsprechend den je spezifischen Interessenlagen und Zielsetzungen unterschiedlich aussehen und mit unterschiedlichen Auswirkungen, z.B. auf den Arbeits- und Zeitaufwand, verbunden sein kann. Von Frauen, die sich stark über ihre Hausfrauenrolle definieren, die der Hausarbeit demzufolge eine große Bedeutung beimessen und denen genügend Zeit dafür zur Verfügung steht, kann sie genutzt werden, um die Haushaltsführung zu perfektionieren. Von den eher berufsorientierten und berufsgebundenen Frauen, die Hausarbeit bei einem begrenzten Zeitbudget bewältigen müssen, wird dagegen die potentiell den Geräten innewohnende immense Produktivitätserhöhung und Effizienzsteigerung eher genutzt, um Zeit zu sparen.

Auch an die vorhandenen Nutzungsspielräume in bezug auf die Arbeitsteilung sei nochmals erinnert. Haushaltstechnik kann in Familien, in denen eher traditionelle Rollenvorstellungen vorherrschen, zu konservativen Zwecken eingesetzt werden: Sie kann dort die Beibehaltung des herkömmlichen Musters der Arbeitsorganisation trotz eines geänderten Erwerbsverhaltens der Frau enorm erleich-

---

[1] Zapf u.a. 1989, S.73

tern. Sie könnte aber auch dank ihrer meist einfachen und angenehmen Bedienungstechnik, in den Fällen, in denen eine stärkere Beteiligung des Partners gefordert wird, ihm den Einstieg in sogenannte Frauendomänen erleichtern. Auf jeden Fall scheinen, im Gegensatz zu der obigen, häufig aufgestellten These, "Technisierung (...) und Beteiligung des Mannes an der Hausarbeit keine konkurrierenden Strategien der Haushaltsorganisation"[1] zu sein.

Daran kann nach allem bisher Gesagten kein Zweifel bestehen: Haushaltstechnik birgt emanzipatorisches Potential in sich, sie stellt Handlungsoptionen bereit. Ob und wie die von der Technisierung eröffneten Chancen allerdings genutzt werden, darauf hat sie kaum Einfluß, dies hängt maßgeblich von den Interessen der Nutzer/innen, von ihrem Rollenverhalten und -verständnis ab. Zu den "Technisierungsgewinnerinnen" müßten demnach, idealtypisch betrachtet, vor allem berufstätige Frauen mit auf Gleichberechtigung aufbauenden Rollenvorstellungen gehören, sie müßten eigentlich am ehesten "die befreienden Effekte technischer Hervorbringungen im Bereich der Haushaltstechnik sehr bewußt"[2] zu nutzen wissen.

Sozialwissenschaftliche Technikforschung, die solche sozialstrukturellen Differenzierungen bzw. epochale Veränderungen im weiblichen Erwerbsverhalten nicht mitbedenkt, bleibt unbefriedigend und gibt ein einseitiges und so verzerrtes Bild wieder.
Zwar kommt Arbeiten, die einen allenfalls "kompensatorischen Charakter"[3] der Haushaltstechnik erkennen können, das Verdienst zu, überhaupt die Techniknutzung in einem sozialen Kontext thematisiert zu haben, doch machen die Verfasserinnen meiner Meinung nach einen entscheidenden Fehler: Sie beschränken sich auf *einen* sozialen Kontext, auf *einen* möglichen Verwendungszusammenhang, generalisieren ihre Ergebnisse aber. Genauer, sie scheinen nur das Nutzungsmuster der von Friedan beschriebenen "Nur-Hausfrauen" vor Augen zu haben, die, unter

---

[1] Hampel u.a. 1991, S.103
[2] Lenk/Ropohl 1978, S.269
[3] Orland 1987, S.21

einem "Anerkennungsvakuum" leidend, Hausarbeit zum Fulltime-Job ausdehnen mußten bzw. generell von Frauen, die Hausarbeit nicht unter zeitsparenden Kriterien verrichten müssen. Die Tatsache, daß Technikeinsatz in diesem Kontext nicht zu Arbeitszeitverkürzung führt, wird dann aber als allgemeingültig gesehen.
Dieses Vorgehen verstellt jedoch nicht nur den Blick auf die Chancen der Haushaltstechnisierung, sondern ist auch nicht mehr zeitgemäß, da es einen Teil aktueller sozialer Realität ausklammert: die "sozialstrukturelle Revolution" der Ehefrauen- und Müttererwerbstätigkeit und das (auch) damit zusammenhängende gewandelte Selbst- und Rollenverständnis der Frauen als Faktoren, die die Techniknutzung maßgeblich beeinflußen. Kommen wir zum Schluß: Was hat die Haushaltstechnisierung, von der gesamten Entwicklung her gesehen, den Frauen gebracht?

V. Technik und sozialer Wandel: Frau und Familie, Frau und Beruf - die Umschichtung von Belastungen in der Arbeit der Frau unter dem Einfluß von Technisierungsprozessen

Nicht nur die Hausarbeit, überhaupt die Arbeit der Frau insgesamt und damit ihre Belastungsstruktur haben sich in dem von mir untersuchten Zeitraum grundlegend verändert.

Ausgehend von ihrer Arbeit im "ganzen Haus" der vorindustriellen Gesellschaft, in dem Hausarbeit im heutigen Sinn eher als unbedeutende Nebenverpflichtung betrachtet wurde, die vielfältigen produktiven Aufgaben der Frau in Haus und Hof, Feld und Garten aber zur Existenzsicherung beitrugen, haben wir gesehen, wie ihr Aktionsradius in der bürgerlichen Familie des späten 18. und insbesondere des 19. Jahrhunderts drastisch eingeschränkt wurde: Erst als die Frau ganz auf den häuslichen Wirkungsbereich begrenzt wurde, war die Entstehungsvoraussetzung für die moderne Hausfrauen- und Mutterrolle gegeben.
Infolge des Aufkommens der industriellen Warenproduktion mehr und mehr von den produktiven Funktionen befreit, sollte und konnte sie sich nun verstärkt der "Häuslichkeit" - der Gestaltung eines möglichst ansprechenden Heimes - und der emotional-psychischen Versorgung der Familienmitglieder widmen. Entlastet wurde die bürgerliche Frau, entsprechend ihren finanziellen Verhältnissen, vor allem bei den unangenehmeren hauswirtschaftlichen Tätigkeiten und bei der Kinderbetreuung von Dienstboten, deren langsames Verschwinden seit Beginn dieses Jahrhunderts aus der Hausherrin die
selbstwirtschaftende Hausfrau machte.
Der Dienstbotenrückgang und die daran anknüpfende Haushaltsreformbewegung, gewichtige soziale Veränderungen, die, wie ich zu belegen suchte, die Entwicklung der Haushaltselektrifizierung, Voraussetzung jeder weiteren Technisierung, maßgeblich stimulierten.

Wurde in diesem ersten Drittel unseres Jahrhunderts sowohl von den Technikerzeugern als auch von den Anwender/innen die vitale Problemlösungskapazität der Haushaltstechnik, insbesondere in Form von elektrischen Geräten, erkannt, existierten bereits seit dem ausgehenden 19. Jahrhundert entscheidende Basisinnovationen, die sukzessive erfolgreich weiterentwickelt wurden, so war eine breitenwirksame Haushaltstechnisierung, im Gegensatz zu den USA, in Deutschland erst nach dem Zweiten Weltkrieg realisierbar. Erst seit dieser Zeit waren alle relevanten, auch nicht-technologischen Voraussetzungen erfüllt. Der lokal- bzw. länderspezi-fisch unterschiedlich schnell ablaufende Diffusionsprozeß, der nicht nur mit einem technischen Modernisierungsrückstand erklärt werden kann - ein Beleg für die These, daß Technisierungsprozesse eben nicht, wie der Technikdeterminismus unterstellt, einer technologischen Eigengesetzlichkeit, einer eindimensionalen Eigenlogik folgen, sondern auch entscheidend von ökonomischen und sozio-kulturellen Faktoren beeinflußt, d.h. *sozial bedingt* sind.

Wie hat sich nun also unter dem Eindruck dieser technologischen Errungenschaften - und unter Beachtung der mit ihnen zusammenhängenden sozialstrukturellen Veränderungen - in den letzten Jahrzehnten die Arbeitsbelastung der Frau entwickelt?
Enorm vereinfacht wurden, das ist nach allem bisher Gesagten wohl unbestritten, die hauswirtschaftlichen Tätigkeiten. Läßt man die letzten 150 Jahre Revue passieren, so ist es in der Tat nicht übertrieben, von einer "industriellen Revolution" im Hause zu sprechen.
Denken wir nur an die Arbeit des "Lichtmachens", die durch ein simples "Anknipsen" ersetzt wurde, an das bis Mitte des 19. Jahrhunderts übliche Kochen über dem offenen Feuer, das zuerst vom Kohleherd, dann von Gas- bzw. Elektroherd abgelöst wurde und an den Wandel in der Wäschepflege vom Waschkessel und Waschbrett zur Waschmaschine - eine immense Entwicklung, deren Beginn an die zentrale Energieversorgung geknüpft war.

Hatten die vielen großen und kleinen elektrischen Haushaltsgeräte schon eine bedeutende Arbeits- und Zeitersparnis ermöglicht, so wurden sie darin noch übertroffen von den Automaten, wobei vor allem an zwei zu denken ist, die gerade zwei regelmäßig und häufig zu verrichtende Arbeiten enorm erleichtern: der Waschvollautomat und die Geschirrspülmaschine. Sie erlauben nicht nur eine freizügigere Einteilung von Arbeit bzw. Zeit, sondern erhöhen den Dispositionsspielraum der Frau zusätzlich dadurch, daß sie, während die Maschine selbsttätig läuft, für andere Tätigkeiten freistellen.

Wird so die Arbeitskraft der Frau heute im Vergleich zur Generation ihrer Großmütter potentiell weitaus weniger durch die Hausarbeit im engeren Sinne, durch Tätigkeiten wie kochen, spülen, putzen und waschen, beansprucht, scheint sie von den, allerdings von den meisten Frauen verständlicherweise als angenehmer empfundenen, sozialisatorischen Aufgaben ungleich mehr absorbiert.

Gravierend verändert hat sich damit in diesem Jahrhundert nicht nur die Schwere der Hausarbeit, sondern auch die Art der Aufgaben und der Zeitaufwand für die einzelnen Tätigkeiten. Vollends kompensiert wurde die im hauswirtschaftlichen Bereich erreichbare Zeitersparnis durch die intensiver wahrgenommenen Erziehungsaufgaben allerdings nicht: Würde die häufig vorgebrachte These von einer vollständigen Reinvestition in die Familie zutreffen, dann wären sicherlich nicht soviele Mütter in der beschriebenen Form in außerhäusliche Arbeitsverhältnisse integriert.
Ein neues soziales Phänomen - die (auch) emanzipatorisch motivierte Müttererwerbstätigkeit, die in der Nachkriegszeit durch das Auftauchen einer Reihe von relevanten Freisetzungsfaktoren ermöglicht wurde. Insbesondere der Verkleinerung der Haushalte wie auch ihrer Technisierung ist es zu verdanken, daß sich die, aufgrund von häuslichen und familiären Verpflichtungen für "mittelständische" Ehefrauen und Mütter bestehende, Mobilitätssperre drastisch gelockert hat.
War die Haushaltstechnisierung, wie wir gesehen haben, auch keine Voraussetzung für die aus Not bzw. aus sozialem Anspruchsdenken geborene, familienorientierte und temporäre Berufstätigkeit von Müttern in den fünfziger Jahren,
so leistete sie doch einen wesentlichen Beitrag zum Rollenwandel der Frau. Sie half, den Wunsch verheirateter Frauen mit Kindern nach einer - abgesehen von kurzen Unterbrechungszeiten für die Kindererziehung - fast durchgängigen, eigenorientierten Berufstätigkeit zu legitimieren, und erleichterte ihr auf der Basis der

existierenden geschlechtsspezifischen Arbeitsteilung die Vereinbarkeit von Familie und Beruf aus den folgenden Gründen ungemein:

"Modern household technology facilitated married women's workforce participation not by freeing women from household labor but by making it possible for women to maintain decent standards in their homes without assistants and without a full-time commitment to housework."[1]

Ohne Frage bietet die Erwerbstätigkeit neue Identifikationsmöglichkeiten, öffnet im Vergleich zu früheren Frauengenerationen neue Handlungsräume, doch haben die Frauen mit dem Wandel ihrer Rolle respektive der Bedeutungszunahme der Erwerbsrolle nur gewonnen?
Bedenkt man die im folgenden nochmals auf den Punkt zu bringenden, damit verbundenen neuen Herausforderungen und Konflikte, so ist Elisabeth Pfeil zuzustimmen: "Eine neue Generation versucht es auf ihre Weise, sie löst manches Problem und findet sich vor neuen Problemen."[2]
Zu diesen zählt nicht nur die drastische Veränderung der häuslichen Lebensqualität allein schon durch die Bedeutungszunahme des Essens außerhalb der eigenen Küche[3], die Verzichtleistungen, die in verschiedener Hinsicht mehr oder weniger von allen Familienmitgliedern zu erbringen sind, sondern auch die Verkomplizierung der Regelung des häuslichen Alltags insgesamt.
Konfliktträchtig ist vor allem das Thema Arbeitsteilung. Vergessen wir nicht, daß Erwerbsarbeit nicht immer unbedingt nur Selbstverwirklichung heißt, sondern eben auch Arbeit ist; Arbeit, die erschöpft und auslaugt, und nach der die meisten Ehefrauen und Mütter in ungleich stärkerem Maße als ihre Partner zusätzlich Haus- und Familienarbeit verrichten.

Stellen auch die Geräte eine unverzichtbare Hilfe zur Bewältigung der Doppelrolle dar, so ist Methfessel darin zuzustimmen, daß doch "der entscheidende Beitrag zur

---

[1] Schwartz Cowan 1983, S.209 u. S.210

[2] Pfeil 1966, S.384 u. S.385

[3] Beim Mittagessen unter der Woche war 1983 nur noch ein knappes Drittel der Familien zusammen. Vgl. Zeiher 1990, S.22

Vereinbarung von Beruf und Familie (...) nicht irgendeine Erleichterung der Doppel- bzw. Dreifachbelastung sein (muß, d. V.), sondern die Beendigung ihrer selbstverständlichen Inanspruchnahme."[1]

Haushaltstechnisierung allein, das sollte mit dieser Arbeit klar geworden sein, kann den Frauen die lang ersehnte Emanzipation nicht bringen. Hat sie sie auch ein Stück weit aus dem goldenen Käfig, in den das Haus der bürgerlichen Familie sich verwandelt hat, befreit, hat sie über die Erleichterung der Berufstätigkeit auch zur Öffnung neuer Lebenschancen für Frauen mitbeigetragen, so sind im weiblichen Lebenszusammenhang neue Belastungen dadurch aufgetaucht, daß sie Erwerbs- und Familienrolle verbinden müssen.

Das Problem der Vereinbarkeit von Familie und Beruf, das, könnte man von Emanzipation reden, nicht mehr nur das der Frauen, sondern auch das der Männer wäre, ist "technisch" allein nicht zu lösen.

Technische Modernisierung, so wertvoll sie auch ist, muß von der sozialen Modernisierung, von der auch gesellschafts- und familienpolitisch unterstützten Veränderung der geschlechtlichen Arbeitsteilung begleitet werden.

Wie meine Ausführungen gezeigt haben, kommt dies weder "automatisch" durch die Haushaltstechnisierung, noch wird eine solche Entwicklung von ihr zwangsläufig verhindert.

Die technischen Möglichkeiten sind vorhanden, ob, wie und wozu wir sie nutzen, bleibt uns überlassen: "Technology itself does not determine outcomes; the impact is determined by society's use of it."[2]

---

[1] Methfessel 1990, S.146
[2] Bose/Bereano 1983, zit. n. Hampel 1987, S.52

Literaturverzeichnis

ANDRITZKY, M. AEG HAUSGERÄTE (HRSG.), Alles elektrisch. 100 Jahre AEG-Hausgeräte, Nürnberg o.J.

ANDRITZKY, M. (HRSG.), Ausstellung Oikos. Von der Feuerstelle zur Mikrowelle. Haushalt und Wohnen im Wandel, Stuttgart/Zürich 1992

ARBEITSGEMEINSCHAFT HAUSWIRTSCHAFT E.V./STIFTUNG VERBRAUCHERINSTITUT (HRSG.), Technisierung und Rationalisierung - überholte Zielsetzungen für den privaten Haushalt? Berlin/Bonn 1987

DIES., Ein Jahrhundert Technisierung und Rationalisierung im Haushalt, Königstein im Taunus 1990

AUSSCHUSS ZUR UNTERSUCHUNG DER ERZEUGUNGS- UND ABSATZBEDINGUNGEN DER DEUTSCHEN WIRTSCHAFT (HRSG.), Die deutsche Elektrizitätswirtschaft, Berlin 1930

BÄHR, O., Eine deutsche Stadt vor 60 Jahren, Leipzig 1884

BAHRDT, H.-P., Wandlungen der Familie, in: D. Claessens/P. Milhoffer (Hrsg.), Familiensoziologie. Ein Reader als Einführung, Frankfurt am Main 1973

BAUMERT, G., Deutsche Familien nach dem Kriege, Darmstadt 1954

BAUMGÄRTEL, B., Technisierung des Haushalts: Nützt sie den Frauen?, in: Dies. u.a. (Hrsg.), Frau und Technik, Bonn/ Münster/Bielefeld 1985

BECHER, U. A. J., Geschichte des modernen Lebensstils: Essen, Wohnen, Freizeit, Reisen, München 1990

BECK, U., Risikogesellschaft. Auf dem Weg in eine andere Moderne, Frankfurt am Main 1986

DERS./BECK-GERNSHEIM, E., Das ganz normale Chaos der Liebe, Frankfurt am Main 1990

BECK-GERNSHEIM, E., Vom "Dasein für andere" zum Anspruch auf ein Stück "eigenes Leben": Individualisierungsprozesse im weiblichen Lebenszusammenhang, in: Soziale Welt, 34.Jg. 1983, Heft 3

DIES., Wieviel Mutter braucht das Kind? Geburtenrückgang und der Wandel der Erziehungsarbeit, in: S. Hradil (Hrsg.), Sozialstruktur im Umbruch, Opladen 1985

DIES., Von der Liebe zur Beziehung? Veränderungen im Verhältnis von Mann und Frau in der individualisierten Gesellschaft, in: J. Berger (Hrsg.), Die Moderne - Kontinuitäten und Zäsuren, Göttingen 1986

DIES., Die Inszenierung der Kindheit, in: Psychologie Heute, Dezember 1987

DIES., Die Kinderfrage. Frauen zwischen Kinderwunsch und Unabhängigkeit, München 1988

DIES., Arbeitsteilung, Selbstbild und Lebensentwurf. Neue Konfliktlagen in der Familie, in: Soziale Welt, 43.Jg. 1992, Heft 1

BENKER, G., In alten Küchen. Einrichtung - Gerät - Kochkunst, München 1987

BERGER-SCHMITT, R., Innerfamiliale Arbeitsteilung und ihre Determinanten, in: W. Glatzer/R. Berger-Schmitt, Haushaltsproduktion und Netzwerkhilfe. Die alltäglichen Leistungen der Familien und Haushalte, Frankfurt am Main/New York 1986

BERTRAM, H./BORRMANN-MÜLLER, R., Von der Hausfrau zur Berufsfrau? Der Einfluß struktureller Wandlungen des Frauseins auf familiales Zusammenleben, in: U. Gerhardt/Y. Schütze (Hrsg.), Frauensituation. Veränderungen in den letzten zwanzig Jahren, Frankfurt am Main 1988

BIELING, F./SCHOLL, P., Elektrogeräte für den Haushalt. Ihre Entwicklung im Hause Siemens, München 1966

BIERVERT, B., Sozialökonomische Technikforschung: Ihr Beitrag zur gegenwärtigen Modernisierungsdiskussion, in: B. Biervert/K. Monse (Hrsg.), Wandel durch Technik? Institution, Organisation, Alltag, Opladen 1990

BIERVERT B./MONSE, K. (HRSG.), Wandel durch Technik? Institution, Organisation, Alltag, Opladen 1990

BOHMERT, F., Hauptsache sauber? Vom Waschen und Reinigen im Wandel der Zeit, Düsseldorf 1988

BORGMANN, G., So wohnt sich's gut. Mensch und Heim im technischen Zeitalter, Freiburg im Breisgau 1957

BOSE, CH./BEREANO, P./MALLOY, M., Household Technology and the Social Construction of Housework, in: Technology and Culture 25, 1984

BOTT, G. (HRSG.), Leben und Arbeiten im Industriezeitalter. Eine Ausstellung zur Wirtschafts- und Sozialgeschichte Bayerns seit 1850, Nürnberg 1985

BRAUN, F./REKERSDREES, S./SCHMIDT, M., Haushaltsführung. Ernährungswissenschaftliche, arbeitstechnische, wirtschaftliche und gesellschaftliche Grundlagen, Paderborn 1977

BRAUN, I., Die Waschmaschine, in: WZB-Mitteilungen 40, Juni 1988

DERS., Stoff, Wechsel, Technik. Zur Soziologie und Ökologie der Waschmaschinen, Berlin 1988

BRAUN, L., Frauenarbeit und Hauswirtschaft, Berlin 1901

BRUNNER, O., Das "Ganze Haus" und die alteuropäische "Ökonomik", in: Ders., Neue Wege der Verfassungs- und Sozialgeschichte, 2. verm. Aufl., Göttingen 1968

BUSSEMER, H.-U., Frauenemanzipation und Bildungsbürgertum. Sozialgeschichte der Frauenbewegung in der Reichsgründungszeit. Weinheim/Basel 1985

DIES. u.a., Zur technischen Entwicklung von Haushaltsgeräten und deren Auswirkungen auf die Familie, in: G. Tornieporth (Hrsg.), Arbeitsplatz Haushalt. Zur Theorie und Ökologie der Hausarbeit, Berlin 1988

CZADA, P., Die Berliner Elektroindustrie in der Weimarer Zeit, Berlin 1969

CYPRIAN, G., Trautes Heim - Lebensformen gestern - heute - morgen, in: Tornieporth 1988

DER HAUSHALT OHNE DIENSTBOTEN, in: Das Neue Universum, Bd. 48, Stuttgart/Berlin/Leipzig 1927

DETTMAR, G., Elektrizität im Hause, Berlin 1911

DIEZINGER, A. u.a., Die Arbeit der Frau in Betrieb und Familie, in: W. Littek/W. Rammert/G. Wachtler (Hrsg.), Einführung in die Arbeits- und Industriesoziologie, Frankfurt am Main/New York 1982

EGNER, E., Entwicklungsphasen der Hauswirtschaft, Göttingen 1964

EICHLER, M., "Industrialization of Housework", in: E. Lupri (Hrsg.), The Changing Position of Women in Familiy and Society, Leiden 1983

ENGELBRECH, G., Entwicklungstendenzen der Beschäftigung von Frauen 1960-1990, in: J. Matthes (Hrsg.), Krise der Arbeitsgesellschaft? Verhandlungen des 21. Deutschen Soziologentages in Bamberg 1982, Frankfurt am Main/New York 1983

ENGELSING, R., Das häusliche Personal in der Epoche der Industrialisierung, in: Ders., Zur Sozialgeschichte deutscher Mittel- und Unterschichten, 2., erw. Aufl., Göttingen 1978

FLEISCHER, A., Langlebige Gebrauchsgüter im privaten Haushalt, Frankfurt am Main/Bern 1983

FREUDENTHAL, M., Bürgerlicher Haushalt und bürgerliche Familie vom Ende des 18. bis zum Ende des 19. Jahrhunderts, in: H. Rosenbaum (Hrsg.), Seminar: Familie und Gesellschaftsstruktur. Materialien zu den sozio-ökonomischen Bedingungen von Familienformen, Frankfurt am Main 1978

FREVERT, U., Frauen-Geschichte. Zwischen bürgerlicher Verbesserung und neuer Weiblichkeit, Frankfurt am Main 1986

FRIEDAN, B., Der Weiblichkeitswahn oder die Mystifizierung der Frau, Reinbek bei Hamburg 1966

GERHARD, U., Verhältnisse und Verhinderungen. Frauenarbeit, Familie und Rechte der Frauen im 19. Jahrhundert, 2. Auflage, Frankfurt am Main 1981

GERHARDT, U./SCHÜTZE, Y. (HRSG.), Frauensituation. Veränderungen in den letzten zwanzig Jahren, Frankfurt am Main 1988

GIEDION, S., Die Herrschaft der Mechanisierung. Ein Beitrag zur anonymen Geschichte, Sonderausgabe, Frankfurt am Main 1987

GLATZER W./BERGER-SCHMITT R., Haushaltsproduktion und Netzwerkhilfe. Die alltäglichen Leistungen der Familien und Haushalte, Frankfurt am Main/-New York 1986

GLATZER, W./HÜBINGER, W., Haushaltstechnisierung und gesellschaftliche Arbeitsteilung, in: Biervert/Monse 1990

DERS. u.a., Haushaltstechnisierung und gesellschaftliche Arbeitsteilung, Frankfurt am Main/New York 1991

GROSS, A. TH., Die Glühlampe als Wegbereiterin der Elektrizitätswirtschaft, in: Beiträge zur Geschichte der Technik und Industrie, Bd. 22, 1933

DERS., Zeittafel zur Entwicklung der Elektrizitätsversorgung, in: Beiträge zur Geschichte der Technik und Industrie, Bd. 25, 1936

HAMPEL, J., Technik im Haushalt. Ein Beitrag zur theoretischen Diskussion, in: Verbund Sozialwissenschaftliche Technikforschung, Mitteilungen 1/1987

DERS. u.a., Alltagsmaschinen. Die Folgen der Technik in Haushalt und Familie, Berlin 1991

HARDER, H./LÖHR, A., Der Wandel der Waschverfahren im Haushalt seit 1945, in: Tenside Detergents, 18.Jg. 1981, Heft 5

HAUSEN, K., Die Polarisierung der "Geschlechtscharaktere" - eine Spiegelung der Dissoziation von Erwerbs- und Familienleben, in: W. Conze (Hrsg.), Sozialgeschichte der Familie in der Neuzeit Europas. Neue Forschungen, Stuttgart 1976

DIES., Zur Sozialgeschichte der Nähmaschine. Technischer Fortschritt und Frauenarbeit im 19. Jahrhundert, in: Gewerkschaftliche Monatshefte 11/1980

DIES., Große Wäsche. Technischer Fortschritt und sozialer Wandel in Deutschland vom 18. bis ins 20.Jahrhundert, in: Geschichte und Gesellschaft, 13.Jg. 1987, Heft 3

HELLMANN, U., Künstliche Kälte. Die Geschichte der Kühlung im Haushalt, Gießen 1990

HENGST, H. (HRSG.), Kindheit in Europa. Zwischen Spielplatz und Computer, Frankfurt am Main 1985

HISTORISCHES MUSEUM FRANKFURT AM MAIN (HRSG.), Frauenalltag und Frauenbewegung: 1890-1980, Basel/Frankfurt am Main 1981

HOCHSCHILD, A., Der 48-Stunden-Tag. Wege aus dem Dilemma berufstätiger Eltern, Wien/Darmstadt 1990

HÖHN, Ch., Demographische Trends in Europa seit dem 2. Weltkrieg, in: R. Nave-Herz, M. Markefka (Hrsg.), Handbuch der Familien- und Jugendforschung, Bd. 1,
Neuwied/Frankfurt am Main 1989

HÖRNING, K. H., Technik im Alltag und die Widersprüche des Alltäglichen, in: B. Joerges (Hrsg.), Technik im Alltag, Frankfurt am Main 1988

HOLLANDER, J. v., Haushalt anno 1895, in: Kultur und Technik, 1./2.Jg. 1977/78

HÜLSENBECK, A., Nähen und Schneidern - Frauenarbeit und Männerarbeit. Ein Beitrag zur Geschichte der geschlechtsspezifischen Arbeitsteilung, in: U. Aumüller-Roske, Frauenleben, Frauenbilder, Frauengeschichte,
Pfaffenweiler 1988

HUNGERBÜHLER, R., Unsichtbar - Unschätzbar. Haus- und Familienarbeit am Beispiel der Schweiz, Grüsch 1988

JAUMANN, E., Hausgehilfin Elektrizität, München 1958

JOERGES, B., Konsumarbeit - Zur Soziologie und Ökologie des "informellen Sektors", in: Matthes 1983

DERS. (HRSG.), Technik im Alltag, Frankfurt am Main 1988

DERS., Technik im Alltag. Annäherungen an ein schwieriges Thema, in: Ders. (Hrsg.), Technik im Alltag, Frankfurt am Main 1988

KETSCH, P., Frauen im Mittelalter, Bd. 1, Frauenarbeit im Mittelalter, Düsseldorf 1983

KETTSCHAU, I., Wieviel Arbeit macht ein Familienhaushalt? Zur Analyse von Inhalt, Umfang und Verteilung von Hausarbeit heute, Diss., Dortmund 1980

DIES., Zur Theorie und gesellschaftlichen Bedeutung der Hausarbeit, in: Tornieporth 1988

DIES., Hausarbeitsqualifikationen und weibliches Arbeitsvermögen im Spannungsfeld privater Aneignung und beruflicher Verwertung, in: Dies./B. Methfessel (Hrsg.), Hausarbeit, gesellschaftlich oder privat? Entgrenzungen - Wandlungen - Alte Verhältnisse, Hohengehren 1991

DIES./B. METHFESSEL (HRSG.), Hausarbeit, gesellschaftlich oder privat? Entgrenzungen - Wandlungen - Alte Verhältnisse, Hohengehren 1991

KLEMM, F., Geschichte der Technik. Der Mensch und seine Erfindungen im Bereich des Abendlandes, Reinbek bei Hamburg 1983

KLINCHOWSTROEM, C. Graf v., Kleine Kulturgeschichte der alltäglichen Dinge. Beleuchtung, in: Kultur und Technik, 5./6.Jg. 1981

KNAPP, U., Frauenarbeit in Deutschland, Bd. 1, Ständischer und bürgerlicher Patriarchalismus, München 1984

KONTOS, S./WALSER, K., ... weil nur das zählt, was Geld einbringt. Probleme der Hausfrauenarbeit, Gelnhausen/Berlin/Stein 1979

KRAUSE, J., Die Frankfurter Küche, in: Andritzky 1992

KROMER, E., Zehn Jahre Hausfrauenbewegung, in: H. Lange/G. Bäumer (Hrsg.), Die Frau. Monatsschrift für das gesamte Frauenleben unserer Zeit, Bd. 32, 1924/25

KROPFF, C., Technologie: Geräte und Maschinen im Haushalt, Köln/Porz 1981

KRÜSSELBERG, H. J., Verhaltenshypothesen und Familienzeit-budgets - Die Ansatzpunkte der "Neuen Haushaltsökonomik" für Familienpolitik, Stuttgart/-Berlin/Köln/Mainz 1986

LAKEMANN, U., Das Aktivitätsspektrum privater Haushalte in der Bundesrepublik Deutschland 1950 bis 1980: Zeitliche und inhaltliche Veränderungen von Erwerbstätigkeiten, unbezahlten Arbeiten und Freizeitaktivitäten. Eine vergleichende Auswertung empirischer Untersuchungen, WZB discussion paper, Berlin 1984

LANDESMUSEUM FÜR TECHNIK UND ARBEIT IN MANNHEIM (HRSG.), Stationen des Industriezeitalters im deutschen Südwesten - Ein Museumsrundgang, Stuttgart 1990

LANDESZENTRALE FÜR POLITISCHE BILDUNG BADEN-WÜRTTEMBERG (HRSG.), Familienpolitik, Stuttgart/Berlin/Köln 1989

LANGGUTH, F., "Elektrizität in jedem Gerät". Die Elektrifizierung der privaten Haushalte am Beispiel Berlins, in: Arbeitsgemeinschaft Hauswirtschaft e.V./-Stiftung Verbraucherinstitut 1990

LEMPP, R., Familie im Umbruch, München 1986

LENK, H./ROPOHL, G., Technik im Alltag, in: Kölner Zeitschrift für Soziologie und Sozialpsychologie, Sonderheft 20, 1978

LIHOTZKY, G., Rationalisierung im Haushalt, in: Das Neue Frankfurt, 1.Jg. 1926/27, Heft 5

LINDNER, H., Strom. Erzeugung, Verteilung und Anwendung der Elektrizität, Reinbek bei Hamburg 1985

LUTZ, B., Das Ende des Technikdeterminismus und die Folgen - soziologische Technikforschung vor neuen Aufgaben und neuen Problemen, in: ders. (Hrsg.), Technik und sozialer Wandel. Verhandlungen des 23. Deutschen Soziologentages in Hamburg 1986, Frankfurt am Main/New York 1987

DERS., Technisierung des Alltags zwischen Banalisierung und Dramatisierung. Nachbemerkungen zu einer Diskussion, in: Ders. (Hrsg.), Technik in Alltag und Arbeit. Beiträge der Tagung des Verbunds Sozialwissenschaftlicher Technikforschung, Berlin 1989

MAIMANN, H., "Glück und Segen früh und spat schenkt dir Nudleggs Automat". Zur Technisierung des Haushalts, in: L. Unterkircher/I. Wagner (Hrsg.), Die andere Hälfte der Gesellschaft, Wien 1987

MATSCHOSS, C., 50 Jahre Berliner Elektrizitätswerke 1884-1934, Berlin 1934

MATTHES, J. (HRSG.), Krise der Arbeitsgesellschaft? Verhandlungen des 21. Deutschen Soziologentages in Bamberg 1982, Frankfurt am Main/New York 1983

MAYNTZ, R., Die moderne Familie, Stuttgart 1955

MEHRINGER, S., Haushaltstechnik, 6., völlig neubearb. Aufl., München/Wien/-Zürich 1990

METHFESSEL, B., Rationalisierung und Technisierung - ein Mittel zur Befreiung von Hausarbeit?, in: Arbeitsgemeinschaft Hauswirtschaft e.V./Stiftung Verbraucherinstitut 1987

DIES., ... entscheidend bleibt die Arbeitskraft der Frau. Zu den Grenzen der Rationalisierbarkeit und Technisierbarkeit der Hausarbeit, in: Tornieporth 1988

DIES., Zwischen drei Welten. Mütter, Hausfrauen und erwerbstätige Frauen und ihre haushaltstechnischen Hilfen, in: Arbeitsgemeinschaft Hauswirtschaft e.V./- Stiftung Verbraucherinstitut 1990

METZ-GÖCKEL, S./MÜLLER, U., Der Mann. Die BRIGITTE-Studie, Weinheim/Basel 1986

MEYER, E., Der neue Haushalt. Ein Wegweiser zu wirtschaftlicher Haushaltsführung, Stuttgart 1926

MEYER, S., Das Theater mit der Hausarbeit. Bürgerliche Repräsentation in der Familie der wilhelminischen Zeit, Frankfurt am Main 1982

DIES., Die mühsame Arbeit des demonstrativen Müßiggangs. Über die häuslichen Pflichten der Beamtenfrauen im Kaiserreich, in: K. Hausen, Frauen suchen ihre Geschichte, München 1983

DIES./ORLAND, B., Technik im Alltag des Haushalts und Wohnens, in: U. Troitzsch/W. Weber (Hrsg.), Die Technik von den Anfängen bis zur Gegenwart, Braunschweig/Stuttgart 1987

DIES./SCHULZE, E., Auf den Spuren der Wäscherinnen, in: Journal für Geschichte 2/1984

DIES., Zur Dialektik von Technik und Familie - Stand und Perspektiven der Forschung, in: Verbund Sozialwissenschaftliche Technikforschung. Mitteilungen 7/1990

MILLER, R. v., Ein Halbjahrhundert deutsche Stromversorgung aus öffentlichen Elektrizitätswerken, in: Beiträge zur Geschichte der Technik und Industrie, Bd. 25, 1936

MÖNCKEMEYER, K., Entwicklung von Hygiene- und Sauberkeitsstandards zwischen Reichsgründung und 1. Weltkrieg, in: Landschaftsverband Rheinland/

RHEINISCHES MUSEUMSAMT (HRSG.), Die Große Wäsche, Köln 1988

MOLLENKOPF, H./HAMPEL, J./WEBER, U., Technik im familialen Alltag. Zur Analyse familienspezifischer Aneignungsmuster, in: Zeitschrift für Soziologie, 18.Jg. 1989, Heft 5

DIES./WEBER, U., Zwischen familienspezifischer Rationalität und technikinduziertem Verhalten. Die Bedeutung der Technik für familiale Beziehungen, in: R. Tschiedel (Hrsg.), Die technische Konstruktion der gesellschaftlichen Wirklichkeit: Gestaltungsperspektiven der Techniksoziologie, München 1990

MÜLLER, H., Dienstbare Geister. Leben und Arbeitswelt städtischer Dienstboten, Berlin 1985

MÜNZ, R., Haus-Frauen-Arbeit. Anmerkungen zur geschlechtsspezifischen Arbeitsteilung im Reproduktionsbereich, in: Österreich. Zeitschrift für Soziologie, 5.Jg. 1980

MYRDAL, A./KLEIN, V., Die Doppelrolle der Frau in Familie und Beruf, 3. Auflage, Köln/Berlin 1974

NAVE-HERZ, R., Kontinuität und Wandel in der Bedeutung, in der Struktur und Stabilität von Ehe und Familie in der Bundesrepublik Deutschland, in: Dies. (Hrsg.), Wandel und Kontinuität der Familie in der Bundesrepublik Deutschland, Stuttgart 1988

DIES., Zeitgeschichtlicher Bedeutungswandel von Ehe und Familie in der Bundesrepublik Deutschland, in: Dies./M. Markefka (Hrsg.), Handbuch der Familien- und Jugendforschung, Bd. 1, Neuwied/Frankfurt am Main 1989

NEUMANN, J., Funktionsverlust der Familie? Anmerkungen zum Aufgabenwandel in der gegenwärtigen Familie, in: Landeszentrale für politische Bildung Baden-Württemberg 1989

OCHEL, A., Hausfrauenarbeit: eine qualitative Studie über Alltagsbelastungen und Bewältigungsstrategien von Hausfrauen, München 1989

OGBURN, W. F./NIMKOFF, M.F., Technology and the Changing Family, Cambridge/Mass. 1955

ORLAND, B., Effizienz im Heim. Die Rationalisierungsdebatte zur Reform der Hausarbeit in der Weimarer Republik, in: Kultur und Technik, 7.Jg. 1983

DIES., Das bißchen Haushalt... Haushalt und Technik, in: Baumgärtel u.a. 1985

DIES., Haushaltstechnik und Kleinfamilie. Ein unbedeutendes Kapitel des "technischen Fortschritts", in: E. Hildebrandt u.a. (Hrsg.), High-Tech-Down, Berlin 1986

DIES., Sozialgeschichte der Haushaltstechnik, in: Arbeitsgemeinschaft Hauswirtschaft e.V./Stiftung Verbraucherinstitut 1987

DIES., Wäsche waschen. Technik- und Sozialgeschichte der häuslichen Wäschepflege, Reinbek bei Hamburg 1991

OSTNER, I., Beruf und Hausarbeit. Die Arbeit der Frau in unserer Gesellschaft, Frankfurt am Main/New York 1979

DIES., Phantom Hausarbeit, in: Tornieporth 1988

DIES./WILLMS, A., Strukturelle Veränderungen der Frauenarbeit in Haushalt und Beruf, in: Matthes 1983

OTTMÜLLER, U., Die Dienstbotenfrage, Münster 1978

OTTO, L., Frauenleben im Deutschen Reich: Erinnerungen aus der Vergangenheit mit Hinweis auf Gegenwart und Zukunft, Nachdruck der Ausg. Leipzig, Schäfer, 1876, Paderborn 1988

PFARR, H., Mit dem "Ja" zum Kind sackt die weibliche Berufsbiographie ab. Von der Illusion einer beliebigen Vielfalt der Lebensentwürfe der Frau, in: Frankfurter Rundschau, 3. Dezember 1991

PFEIFFER, E., Die Technik des Haushalts. 10. Aufl., Stuttgart 1928

PFEIL, E., Die Berufstätigkeit von Müttern, Tübingen 1961

DIES., Die Frau in Beruf, Familie und Haushalt, in: F. Oeter (Hrsg.), Familie und Gesellschaft, Tübingen 1966

PICHERT, H., Aktueller Stand und voraussichtliche Entwicklung der Haushaltstechnik, in: Arbeitsgemeinschaft Hauswirtschaft e.V./Stiftung Verbraucherinstitut 1987

POGGENPOHL, F. (HRSG.), 75 Jahre Küchengeschichte. Aus Anl. des 75jährigen Firmenjubiläums, Herford 1967

POPITZ, H., Epochen der Technikgeschichte, Tübingen 1989

PROSS, H., Die Wirklichkeit der Hausfrau, Reinbek bei Hamburg 1976

PROTZNER, W. (HRSG.), Vom Hungerwinter zum kulinarischen Schlaraffenland. Aspekte einer Kulturgeschichte des Essens in der Bundesrepublik Deutschland, Stuttgart 1987

PROWE-BACCHUS, M., Auswirkungen der Technisierung auf den Familienhaushalt, Diss., Köln 1933

RADKAU, J., Technik in Deutschland. Vom 18.Jahrhundert bis zur Gegenwart, Frankfurt am Main 1989

RAMMERT, W., Technisierung und Rationalisierung der privaten Haushalte - ein Ausweg aus der ökonomischen Krise?, in: Arbeitsgemeinschaft Hauswirtschaft e.V./Stiftung Verbraucherinstitut 1987

DERS., Technisierung im Alltag. Theoriestücke für eine spezielle soziologische Perspektive, in: Joerges 1988

DERS., Plädoyer für eine Technikgeneseforschung. Von den Folgen der Technik zur sozialen Dynamik technischer Entwicklungen, in: Biervert/Monse 1990

RAPIN, H. (HRSG.), Frauenforschung und Hausarbeit, Frankfurt am Main/New York 1988

RERRICH, M.S., Veränderte Elternschaft. Entwicklungen in der familialen Arbeit mit Kindern seit 1950, in: Soziale Welt, 34.Jg. 1983, Heft 4

DIES., Balanceakt Familie. Zwischen alten Leitbildern und neuen Lebensformen, 2., aktualisierte Aufl., Freiburg im Breisgau 1990

ROHR, B./WIELE, H. (HRSG.), Fachlexikon ABC Technik, Frankfurt am Main 1983

ROSENBAUM, H., Formen der Familie: Untersuchungen zum Zusammenhang von Familienverhältnissen, Sozialstruktur und sozialem Wandel in der deutschen Gesellschaft des 19. Jahrhunderts, 5. Aufl., Frankfurt am Main 1990

SACHSE, C., Anfänge der Rationalisierung der Hausarbeit in der Weimarer Republik, in: Arbeitsgemeinschaft Hauswirtschaft e.V./Stiftung Verbraucherinstitut 1990

SATTELBERG, K., Vom Elektron zur Elektronik. Die Geschichte der Elektrizität, 2., erw. Aufl., Aarau/Schweiz 1982

SCHEID, E., Rationalisierte Hausarbeit, in: Hauswirtschaft und Wissenschaft, 34.Jg. 1986

SCHELSKY, H., Wandlungen der deutschen Familie in der Gegenwart. Darstellung und Deutung einer empirisch-soziologischen Tatbestandsaufnahme, 3., erw. Aufl., Stuttgart 1955

SCHIVELBUSCH, W., Lichtblicke. Zur Geschichte der künstlichen Helligkeit im 19. Jahrhundert, München/Wien 1983

SCHMIDT-WALDHERR, H., Privater Haushalt auf der Suche nach Sinngebung - Versuch einer Einordnung von Technisierung und Rationalisierung. Schlußfolgerungen aus der Sicht der Frauenforschung, in: Arbeitsgemeinschaft Hauswirtschaft e.V./Stiftung Verbraucherinstitut 1987

DIES., Emanzipation durch Professionalisierung? Politische Strategien und Konflikte innerhalb der bürgerlichen Frauenbewegung während der Weimarer Republik und die Reaktion des bürgerlichen Antifeminismus und des Nationalsozialismus, Frankfurt am Main 1987

DIES., Rationalisierung der Hausarbeit in den zwanziger Jahren, in: Tornieporth 1988

SCHÜTZE, Y., Die gute Mutter - Zur Geschichte des normativen Musters "Mutterliebe", Bielefeld 1986

DIES., Zur Veränderung im Eltern-Kind-Verhältnis seit der Nachkriegszeit, in: Nave-Herz 1988

DIES., Mütterliche Erwerbstätigkeit und wissenschaftliche Forschung, in: Gerhardt/Schütze 1988

SCHULZ, W., Von der Institution "Familie" zu den Teilbeziehungen zwischen Mann, Frau und Kind. Zum Strukturwandel von Ehe und Familie, in: Soziale Welt, 34.Jg. 1983, Heft 4

SCHULZE, J./MEYER, T. (HRSG.), Familie: Zerfall oder neues Selbstverständnis?, Würzburg 1987

SCHWARTZ COWAN, R., A Case Study of Technological and Social Change: The Washing Machine and the Working Wife, in: M.S. Hartmann/L. Banner (Hrsg.), Clio's Consciousness Raised. New Perspectives on the History of Women, New York/Evanston/San Fransisco/London 1974

DIES., The "Industrial Revolution" in the Home: Household Technology and Social Change in the 20th Century, in: Technology and Culture 17, 1976

DIES., More Work for Mother. The Ironies of Household Technology from the Open Hearth to the Microwave, New York 1983

SCHWEITZER, R. V./PROSS, H., Die Familienhaushalte im wirtschaftlichen und sozialen Wandel. Rationalverhalten, Technisierung, Funktionswandel der Privathaushalte und das Freizeitbudget der Frau, Göttingen 1976

DIES., Haushaltsführung, Stuttgart 1983

SCHWERDTFEGER, G., Haushalt heute - Haushalt morgen?: Erfahrungen aus der Praxis und Ergebnisse der Haushaltsforschung, 5., erw. Aufl., München 1987

SIEMENS, G., Der Weg der Elektrotechnik. Geschichte des Hauses Siemens, Bd. 1 und Bd. 2, Freiburg/München 1961

SILBERZAHN-JANDT, G., Wasch-Maschine. Zum Wandel von Frauenarbeit im Haushalt, Marburg 1991

SOMMERKORN, I. N., Die erwerbstätige Mutter in der Bundesrepublik: Einstellungs- und Problemveränderungen, in: Nave-Herz 1988

SONNEMANN, R. (HRSG.), Geschichte der Technik, Leipzig 1978

STAHL, G., Von der Hauswirtschaft zum Haushalt oder wie man vom Haus zur Wohnung kommt, in: Neue Gesellschaft für Bildende Kunst (Hrsg.), Wem gehört die Welt - Kunst und Gesellschaft in der Weimarer Republik, Berlin 1977

STAHLSCHMIDT, R., Quellen und Fragestellungen einer deutschen Technikgeschichte des frühen 20. Jahrhunderts bis 1945, Göttingen 1977

STEEN, J. (HRSG.), Die Zweite Industrielle Revolution. Frankfurt und die Elektrizität 1800-1914. Bilder und Materialien zur Ausstellung im Historischen Museum, Frankfurt am Main 1981

STILLE, E./BEITLICH, P., Aus der Küche um 1900, München 1978

STRASSER, S. M., Never Done. A History of American Housework, New York 1982

TAUT, B., Die Neue Wohnung. Die Frau als Schöpferin, 2. Auflage, Leipzig 1924

TEUTEBERG, H.-J., Zur Frage des Wandels der deutschen Volksernährung durch die Industrialisierung, in: R. Braun u.a. (Hrsg.), Gesellschaft in der industriellen Revolution, Köln 1973

THIELE-WITTIG, M., Beschaffungsarbeit des privaten Haushalts - Überlegungen zu einem neuen Konzept, in: Hauswirtschaft und Wissenschaft, 33.Jg. 1985

DIES., ... der Haushalt ist fast immer betroffen - "Neue Hausarbeit" als Folge des Wandels der Lebensbedingungen, in: Hauswirtschaft und Wissenschaft, 35.Jg. 1987

DIES., Zum Problem der Vereinbarkeit von Unvereinbarem: Karriere, Kind, Mikrowelle und Computer aus haushaltswissenschaftlicher Perspektive, in: Kettschau/Methfessel 1991

THIESSEN, V./ROHLINGER, H., Die Verteilung von Aufgaben und Pflichten im ehelichen Haushalt, in: Kölner Zeitschrift für Soziologie und Sozialpsychologie, 40.Jg. 1988

THRALL, CH. A., The Conservative Use of Modern Household Technology, in: Technology and Culture 23, 1982

TILLY, L. A./SCOTT, J. W., Women, Work and Family, New York/London 1987

TORNIEPORTH, G. (HRSG.), Arbeitsplatz Haushalt. Zur Theorie und Ökologie der Hausarbeit, Berlin 1988

TRÄNKLE, M., Zur Geschichte des Herdes, in: Andritzky 1992

TROTHA, T. v., Zum Wandel der Familie, in: Kölner Zeitschrift für Soziologie und Sozialpsychologie, 42.Jg. 1990, Heft 3

UHLIG, G., Zur Geschichte des Einküchenhauses, in: L. Niethammer (Hrsg.), Wohnen im Wandel. Beiträge zur Geschichte des Alltags in der bürgerlichen Gesellschaft, Wuppertal 1979

DERS., Kollektivmodell "Einküchenhaus". Wohnreform und Architekturdebatte zwischen Frauenbewegung und Funktionalismus 1900-1933, Gießen 1981

VOTTELER, M., Das Arbeitsleben familienfreundlicher umgestalten. Modelle der Vereinbarkeit von Familienaufgaben und Arbeitswelt, in: Landeszentrale für politische Bildung Baden-Württemberg 1989

WEINHUBER, R., Schwerpunkte der Haushaltstechnisierung seit 1962/63 und die sich abzeichnende angestrebte Standardausstattung, in: Hauswirtschaft und Wissenschaft, 5.Jg. 1971

WEISMANN, A., Froh erfülle deine Pflicht: die Entwicklung des modernen Hausfrauenleitbildes im Spiegel trivialer Massenmedien in der Zeit zwischen Reichsgründung und Weltwirtschaftskrise, Berlin 1988

WILLMS, A., Grundzüge der Entwicklung der Frauenarbeit von 1880-1980, in: W. Müller/A. Willms/J. Handl, Strukturwandel der Frauenarbeit 1880-1980, Frankfurt am Main/New York 1983

WITTE, I., Die rationelle Haushaltsführung. Betriebswissenschaftliche Studien. Autorisierte Übersetzung von The New Housekeeping. Efficiency Studies in Home Management by Christine Frederick, 2. Aufl., Berlin 1922

ZÄNGL, W., Deutschlands Strom: die Politik der Elektrifizierung von 1866 bis heute, Frankfurt am Main/New York 1989

ZAHN-HARNACK, A. v., Die arbeitende Frau, Breslau 1924

DIES., Die Frauenbewegung. Geschichte, Probleme, Ziele, Berlin 1928

ZAPF, K., Soziale Technikfolgen in den privaten Haushalten, in: Glatzer/Berger-Schmitt 1986

ZAPF, W./BREUER, S./HAMPEL, J., Technikfolgen für Haushaltsorganisation und Familienbeziehungen, in: Lutz 1987

DERS. U.A., Technik im Alltag von Familien, in: Lutz 1989

ZEIHER, H., Die vielen Räume der Kinder. Zum Wandel räumlicher Lebensbedingungen seit 1945, in: U. Preuss-Lausitz u.a., Kriegskinder, Konsumkinder, Krisenkinder. Zur Sozialisationsgeschichte seit dem Zweiten Weltkrieg, 2., überarb. Aufl., Weinheim/Basel 1989

DIES., Kindheit: Organisiert und isoliert, in: Psychologie Heute, Februar 1990 Zwischenbericht des Bundesforschungsministeriums zu dem Projekt "Technikfolgen für Haushaltsorganisation und Familienbeziehungen", Bonn 1990

MIX
Papier aus verantwortungsvollen Quellen
Paper from responsible sources
FSC® C105338

If you have any concerns about our products,
you can contact us on
ProductSafety@springernature.com

In case Publisher is established outside the EU,
the EU authorized representative is:
**Springer Nature Customer Service Center GmbH
Europaplatz 3, 69115 Heidelberg, Germany**

Printed by Libri Plureos GmbH
in Hamburg, Germany